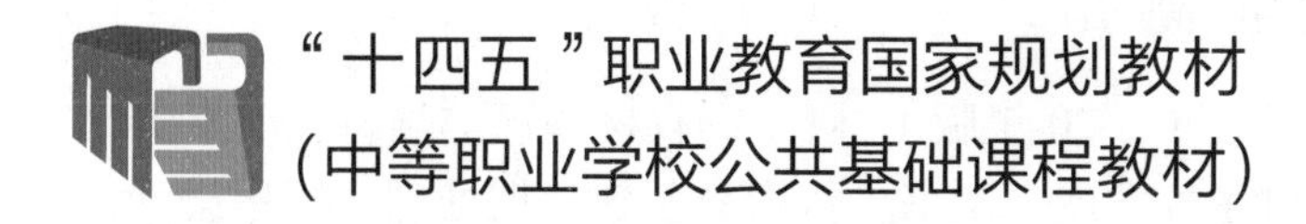

信息技术

(基础模块)

下册

总主编：罗光春　胡钦太

主　编：胡钦太　孙中升

参　编：陈向阳　林闻凯　龙天才　廖大凯　郭　爽
黄平槐　陶　建　喻　铁　杨　异　肖　玢
赖文昭　钟　勤　汪永智

北京理工大学出版社
BEIJING INSTITUTE OF TECHNOLOGY PRESS

内容简介

本教材依据《中等职业学校信息技术课程标准（2020年版）》研发，教材基于本学科核心素养来选择和组织教学内容，支持学生职业能力成长和终身发展。本书主要内容包含数据处理、程序设计入门、数字媒体技术应用、信息安全基础、人工智能5个专题，教材内容选取包含信息技术最新研究成果及发展趋势的内容，开阔学生眼界，激发学生好奇心；选择生产、生活中具有典型性的应用案例，以及与应用场景相关联的业务知识内容，帮助学生更全面地了解信息技术应用的真实情境，引导学生在实践体验过程中，积累知识技能、提升综合应用能力；内容体现信息技术课程与其他公共基础课程、专业课程的关联，引导学生将信息技术课程与其他课程所学的知识技能融合运用。

本书适合中等职业学校学生作为公共基础课教材使用。

图书在版编目（CIP）数据

信息技术：基础模块．下册／胡钦太，孙中升主编．--北京：北京理工大学出版社，2022.12 重印

ISBN 978-7-5763-0798-6

Ⅰ．①信… Ⅱ．①胡… ②孙… Ⅲ．①电子计算机－中等专业学校－教材 Ⅳ．①TP3

中国版本图书馆CIP数据核字（2022）第005620号

出版发行／北京理工大学出版社有限责任公司
社　　址／北京市海淀区中关村南大街5号
邮　　编／100081
电　　话／（010）68914775（总编室）
（010）82562903（教材售后服务热线）
（010）68944723（其他图书服务热线）
网　　址／http://www.bitpress.com.cn
经　　销／全国各地新华书店
印　　刷／涿州汇美亿浓印刷有限公司
开　　本／889毫米×1194毫米　1/16
印　　张／12
字　　数／230千字
版　　次／2022年12月第1版第2次印刷
定　　价／27.60元

责任编辑／张荣君
文案编辑／张荣君
责任校对／周瑞红
责任印制／边心超

“十四五”职业教育国家规划教材
（中等职业学校公共基础课程教材）
出版说明

为贯彻新修订的《中华人民共和国职业教育法》，落实《全国大中小学教材建设规划（2019—2022年）》《职业院校教材管理办法》《中等职业学校公共基础课程方案》等要求，加强中等职业学校公共基础课程教材建设，在国家教材委员会统筹领导下，教育部职业教育与成人教育司统一规划，指导教育部职业教育发展中心具体组织实施，遴选建设了数学、英语、信息技术、体育与健康、艺术、物理、化学等七科公共基础课程教材，并于2022年组织按有关新要求对教材进行了审核，提供给全国中等职业学校选用。

新教材根据教育部发布的中等职业学校公共基础课程标准和有关新要求编写，全面落实立德树人根本任务，突显职业教育类型特征，遵循技术技能人才成长规律和学生身心发展规律，围绕核心素养培育，在教材结构、教材内容、教学方法、呈现形式、配套资源等方面进行了有益探索，旨在打牢中等职业学校学生科学文化基础，提升学生综合素质和终身学习能力，提高技术技能人才培养质量。

各地要指导区域内中等职业学校开齐开足开好公共基础课程，认真贯彻实施《职业院校教材管理办法》，确保选用本次审核通过的国家规划新教材。如使用过程中发现问题请及时反馈给出版单位和我司，以便不断完善和提高教材质量。

教育部职业教育与成人教育司

2022年8月

前 言

习近平总书记指出，没有信息化就没有现代化。信息化为中华民族带来了千载难逢的机遇，必须敏锐抓住信息化发展的历史机遇。提升国民信息素养，对于加快建设制造强国、网络强国、数字中国，以信息化驱动现代化，增强个体在信息社会的适应力与创造力，提升全社会的信息化发展水平，推动个人、社会和国家发展具有重大的意义。

为更好地实施中等职业学校信息技术公共基础课程教学，教育部组织制定了《中等职业学校信息技术课程标准（2020 年版）》（以下简称《课标》）。《课标》对中职学校信息技术课程的任务、目标、结构和内容等提出了要求，其中明确指出，信息技术课程是各专业学生必修的公共基础课程。学生通过对信息技术基础知识与技能的学习，有助于增强信息意识、发展计算思维、提高数字化学习与创新能力、树立正确的信息社会价值观和责任感，培养符合时代要求的信息素养与适应职业发展需要的信息能力。

本套教材作为学生的主要学习材料，严格按照教育部《课标》的要求编写。教材基础模块分为上、下两册。基础模块（上册）包含走进信息时代、开启网络之窗、编绘多彩图文 3 个专题，基础模块（下册）包含活用数据处理、程序设计入门、数字媒体创意、信息安全基础、人工智能初步 5 个专题。

本教材的编写遵循中职学生的学习规律和认知特点，考虑学生职业成长和终身发展的需要，打破传统教材的组织结构模式，从信息技术应用的角度展开任务，呈现出以下几个方面的特点。

（1）注重课程思政的有机融合。深入挖掘学科思政元素和育人价值，把职业精神、工匠精神、劳模精神和创新创业、生态文明、乡村振兴等元素有机融合，达到课程思政与技能学习相辅相成的效果；紧密围绕学科核心素养、职业核心能力，促进中职学生的认知能力、合作能力、创新能力和职业能力的提升。

（2）打破传统的内容组织形式，突出信息处理的主线；按照企业工程项目实践，采用理实结合的任务驱动型结构。每个专题由“专题情景”“学习目标”“任务描述”“感知体验”“知识学习”“实践操作”“自我评价”“专题练习”等栏目组成。

（3）内容载体充分体现新技术、新工艺。精选贴近生产生活、反映职业场景的典型案例，注重引导学生观察生活，切实培养学习兴趣。充分考虑各专业学生的学习起点和研读能力，对重点概念、技术以图文、多媒体等方式帮助学生掌握，同时应用时下最流行的网络媒体工具吸引学生的关注，加强实践环节的指导，让学生学有所用。

（4）注重引导学生观察生活，使学生在感知中认识知识内容的实用性，切实培养学习兴趣；充分考虑各专业学生的学习起点和研读能力，对重点概念、技术以图表、多媒体等方式呈现，帮助学生理解掌握。同时，应用时下最流行的网络媒体工具吸引学生的关注，加强实践环节，让学生学有所用，培育新时代工匠精神。

（5）强化学生的自学能力。专题任务中穿插“讨论活动”“实践活动”“探究活动”等小栏目，加强学生的自学和互动，深化对知识的理解；专题任务的后面还设置有自我评价表，引导学生进行自学评价。在自我评价表中，学生可根据自身学习情况填涂，“☆☆☆”表示未掌握，“★☆☆”表示少量掌握，“★★☆”表示基本掌握，“★★★”表示完全掌握。

本套教材由罗光春、胡钦太担任总主编，制订教材编写指导思想和理念，确定教材整体框架，并对教材内容编写进行指导和统稿。《信息技术（基础模块）（上册）》由罗光春、郭斌担任主编，《信息技术（基础模块）（下册）》由胡钦太、孙中升担任主编。其中，专题1由罗光春、郭斌、范萍编写，专题2由程弋可、刘清太、田钧、任超编写，专题3由姜丽萍、邓仕川、肖玢编写，专题4由孙中升、龙天才、肖玢编写，专题5由胡钦太、陈向阳、陶建编写，专题6由喻铁、钟勤编写，专题7由杨异、郭爽编写，专题8由林闻凯、赖文昭编写。本套教材由汪永智、黄平槐、廖大凯负责进行课程思政元素的设计和审核。本套教材在编写过程中得到了北京金山办公软件有限公司、360安全科技股份有限公司、广州中望龙腾软件股份有限公司、福建中锐网络股份有限公司、新华三技术有限公司等企业，电子科技大学、北京理工大学、广东工业大学、华南师范大学、天津职业技术师范大学等高等院校，北京、辽宁、河北、江苏、山东、山西、广东等地区的部分高水平中、高等职业院校的大力支持，在此深表感谢。

由于编者水平有限，教材中难免存在疏漏和不足之处，敬请广大教师和学生批评和指正，我们将在教材修订时改进。联系人：张荣君，联系电话：（010）68944842，联系邮箱：bitpress_zzfs@bitpress.com.cn。

编　者

目 录

MULU

专题 4 活用数据处理

专题 5 程序设计入门

专题 6 数字媒体创意

专题 7 信息安全基础

专题 8 人工智能初步

专题4 活用数据处理

在信息时代，每天产生海量的信息，信息的增长速度惊人，使人们每天都承受着严重的“信息超载”。数据是反映客观事物属性的记录，是信息的具体表现形式。因此，在当今时代，要利用信息对生活和工作做决策，就必须学会收集、整理、统计、分析、存储和应用数据，即要学会数据处理。

专题情景

近年来，城市社区数量和社区人口数量快速增加，社区卫生与健康问题日益得到关注，利用物联网技术开展的社区智慧医疗建设正处于快速发展阶段。为了推动社区智慧医疗服务的全面信息化，社区邀请学校师生帮着一起调查统计社区居民健康基础数据。小小和同学们一起指导社区居民每天通过手机上报自己的健康数据。小小的任务是采集、加工、分析这些数据，最终形成报表，发送给社区工作人员和研发人员，以便其对智慧医疗系统相关功能进行调整，实现精准、安全、可靠、智慧、自动、互联、互通的医疗服务。

学习目标

1. 能通过不同方式收集生活、学习和工作中的数据。
2. 能增加、删除、修改、查询数据，并能美化数据表。
3. 能根据需求对数据进行计算、汇总、排序、筛选。
4. 能根据需求对数据进行分析并形成报表，可视化数据报表。
5. 理解大数据的作用及应用。

任务 1 采集数据

任务描述

小小到社区服务的第一个任务就是负责采集社区60岁以上老人的基本信息、社区居民健康运动等情况，并将数据导入数据表，然后将数据表美化后发给社区工作人员确认。小小要进行的数据采集是数据处理的首要工作，数据采集工作完成得好，可以很大程度地方便数据的加工和分析。数据的采集主要分为以下几个步骤：获取数据、输入数据、编辑数据、格式化数据表。获取数据一般采用调查问卷的方式，主要包括实地问卷调查和网络问卷调查。除了可以用键盘逐一输入数据，也可以将其他软件生成的数据导入电子表格。如果数据有规律，还可以批量输入，减少手工录入工作量。

感知体验

为了解同学们的健康运动方式，小小制作了健康运动调查表，如表4-1-1所示。小小准备将表格打印后让同学们填写，然后将数据输入表格中。社团小王同学想到了一个更加便捷的方法，他准备用“问卷星”网站或APP来采集信息。

表4-1-1 健康运动调查表

姓名	性别	年龄	最爱的运动方式	每周运动天数	平均健康跑走运动步数

知识学习

1. 数据采集方式

数据采集是指人们利用键盘、物联网设备、网络收集或分析得到外部数据，并存储到信息系统的过程。

数据处理的首要工作就是数据采集。早期人们获取数据主要是根据计数、纸质问卷、面谈交流、实地考察等形式，这些方式不仅效率低，而且不够准确。随着信息技术的发展，数据采集的方法和手段也不断发生变化。

讨论活动

根据生活学习中的知识积累，讨论表 4-1-2 中提到的数据采集方式的特点和应用领域，填写表格。

表 4-1-2 数据采集方式

数据采集方式	特点	应用领域
通过键盘输入数据是最常见的人工采集方式		
通过仪器设备监测数据		
通过网络搜索与爬取数据		
信息系统业务流程自动产生和存储数据		

2. 常用数据处理软件

数据的处理通常借助一些专业的软件或平台完成，目前使用比较广泛的数据处理软件或平台主要有电子表格软件、数据库管理系统等，如图 4-1-1 所示。

图 4-1-1 常用的数据处理软件

3. 数据的组织方式

数据的组织是按照一定的方式和规则，使用数据处理软件对数据实施归并、存储、查询、显示等处理的过程，如我们常用到的二维表格就是采用了关系模型组织数据。

电子表格软件组织数据的方式是工作簿，一个工作簿由若干二维工作表组成，每个工作表由行、列组成，一般情况下，行由数字 1、2、3…编号，列由 A、B…Z、AA、AB…编号。行列交汇的区域叫单元格，单元格以列号与行号命名，如 F3 单元格，即第 6 列（F 列）与第 3 行交汇区域。

用户正在操作的单元格称为活动单元格，在编辑区会显示活动单元格的内容，在名称栏会显示活动单元格名称，如图 4-1-2 所示。电子表格中某一时刻只有一个活动单元格。

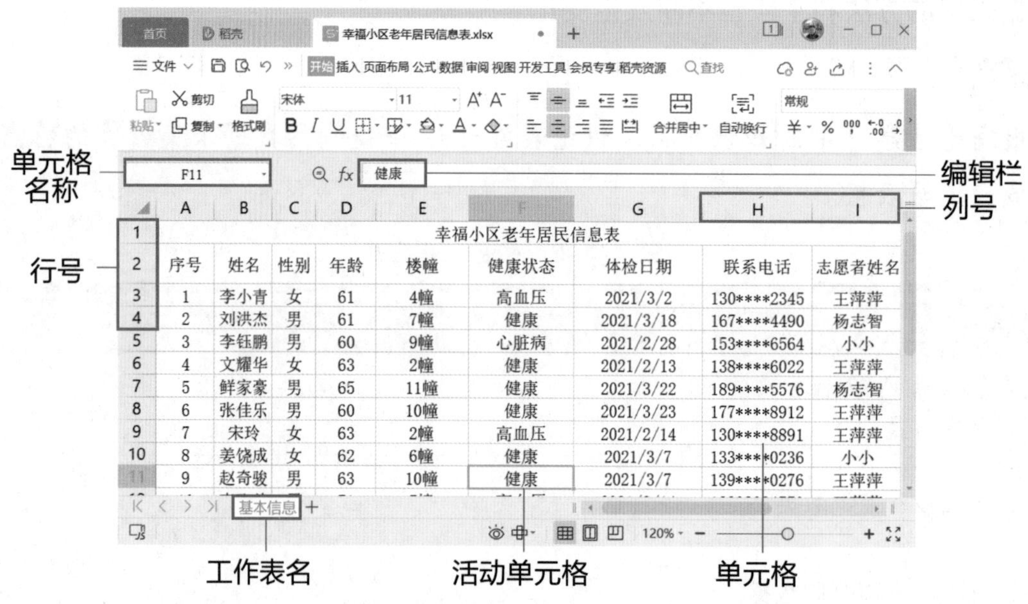

图 4-1-2　WPS Office 表格的工作表、行、列、单元格

在电子表格中，新建一个工作簿时会自动创建一个工作表，名称默认为“Sheet1”，单击工作表名右侧的“+”可插入一个新工作表，名称依据当前工作表名称中的数字序号递增，如图 4-1-3 所示。

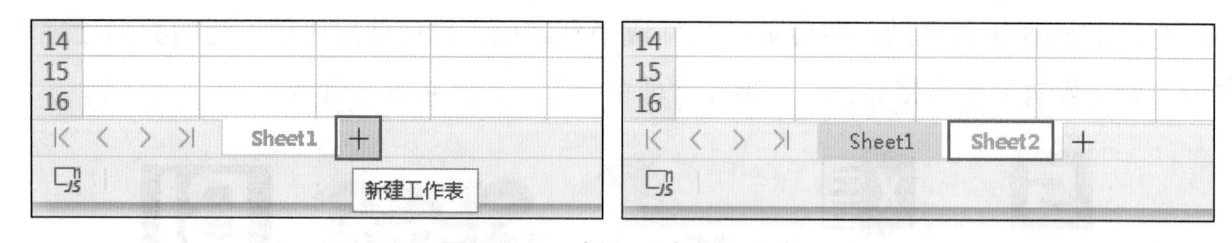

图 4-1-3　插入一个新工作表

对工作表进行重命名、删除、复制、移动，可使用快捷菜单命令完成。需强调的是，如果删除了工作表是无法进行撤销操作的，因此，必须慎重操作。

选择工作表名后，右击鼠标，在快捷菜单中选择“插入工作表”命令，也可新增工作表。

4. 数据类型

数据类型是数据的一种属性，表示数据所表达信息的类型特征，常见数据类型包括数值型、文本型、逻辑型、错误值四类，各类数据显示方式和用途各不相同。

实践活动

打开 WPS 表格软件，试试输入表 4-1-3 中的数据，观察并填写其默认对齐方式。

表 4-1-3　电子表格常用数据格式

数据	数据类型	默认对齐方式
姓名，如“张三”	文本型	左对齐
成绩，如“85”		
出生日期，如“2003 年 12 月 6 日”		
打卡时间，如“17：51：00”		

（1）文本型

电子表格中的文本由数字、空格和非数字字符组成，包括中文、英文字母等。输入电话号码、邮政编码、身份证号等数字符号形式呈现的文本，要用单引号“'”作为引导符。在 WPS 表格中，单元格中输入超过 11 位的长数字（如身份证号码，16 位银行卡号等），或以 0 开头的超过 5 位的数字编号（如 012345）时，WPS 表格将自动识别为文本型数据并以文本型数据进行储存或显示，免去了人工设置的麻烦。

（2）数值型

数值是指电子表格中可以用来计算的数据，输入数值型数据时，除了 0~9、正 / 负号和小数点外，还可以使用如下符号：

①“E”和“e”用于指数的输入，如 3E-3 表示 $3\times10^{-3}=0.003$。

②圆括号：表示输入的是负数，如（256）表示 -256。

在处理数据时，有些数据类型不符合计算要求，需进行类型转换。类型转换可借助电子表格的转换函数实现。转换函数的使用方法可查阅网络资源或数据处理软件自带的“帮助”功能了解。

③逗号：表示千位分隔符，如 78,923.456。

④以 % 结尾的数值：表示输入的是百分数，如 40% 表示 0.4。

⑤以“¥”或“$”开始的数据，表示货币格式。

⑥当输入数值长度超过单元格的宽度时，且不超过 11 位数字，将会自动转换成科学计数法，如输入“1234567”，自动会转换为 1E+06。

⑦输入纯分数或假分数时，为了避免与日期的输入方式混淆，需在分数前加 0 和空

格，如“0 2/5”“0 15/3”；如输入分数，可在整数和分数间加空格，如“4 3/5”“2 3/8”。

（3）日期和时间数据格式

日期和时间数据格式输入时用斜杠“/”或减号“–”分隔年、月、日部分；用冒号“：”分隔时、分、秒部分，如“10:27:52”。

5. 电子表格录入数据

电子表格录入数据的方式主要包括以下几种。

按 Ctrl+；组合键可在活动单元格中插入当前系统日期，按 Ctrl+Shift+；组合键可在活动单元格中插入当前系统时间。

方式 1：键盘逐一录入数据。录入时按 Enter 键使活动单元格下移 1 行，按 Tab 键使活动单元格向右移 1 列，按 Shift 键后再按 Enter 键或 Tab 键可以让活动单元格往相反的方向移动，如按 Shift+Tab 组合键使活动单元格左移 1 列。

方式 2：拖动填充柄录入数据。如果录入的数据相同或有规律，可用拖动填充柄自动生成数据，如 1、2、3…或“001”“002”“003”…这类有规律的数据。先在某单元格输入第 1 个数据，当鼠标在该单元格右下角时指针会变成“+”，拖动鼠标，其他单元格会按规律自动填充数据，如图 4–1–4 所示。

方式 3：用填充命令录入数据。如果输入的数据是有规律递增或递减的等差序列（如 1、3、5、7…）、成比例上涨或下降的等比序列（如 2、4、8、16…）、有规律的日期等，可先在某单元格中输入起始数据，选中起始数据单元格和要填充的单元格，单击“数据”选项卡的“填充”下拉按钮，在下拉菜单中选择“序列”选项，打开“序列”对话框，如图 4–1–5 所示。

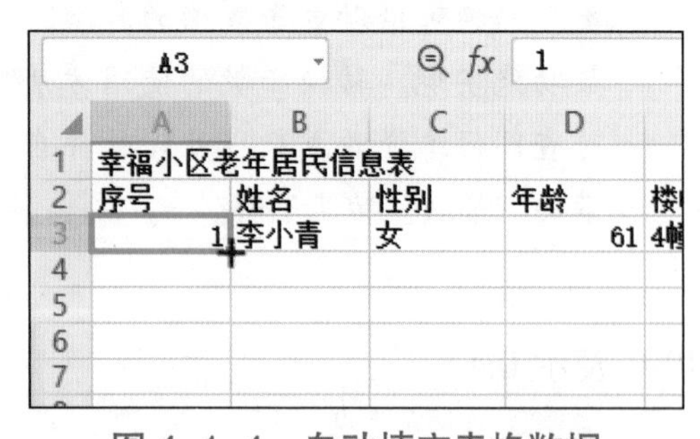

图 4–1–4　自动填充表格数据

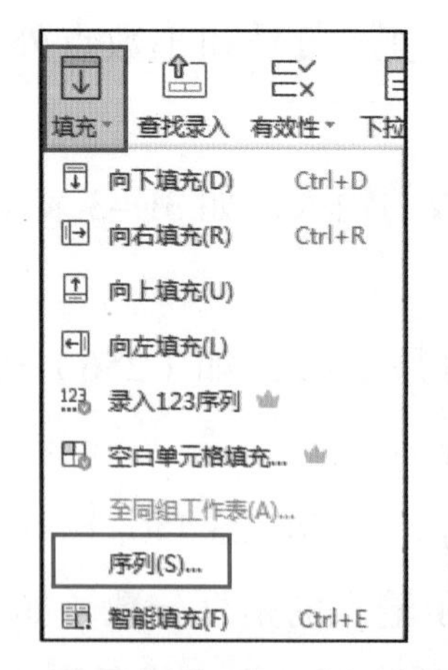

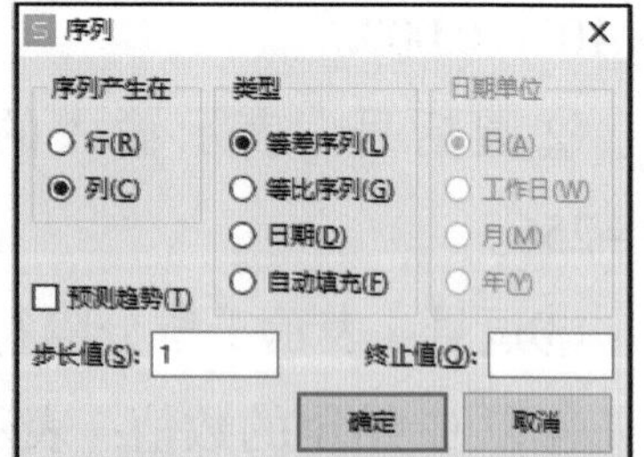

图 4–1–5　“序列”选项和“序列”对话框

6. 选择单元格

操作电子表格时，需先选择相关单元格、行、列，选择活动单元格时可用鼠标单击或用键盘定位。

实践活动

请在电子表格中操作表 4-1-4 所示快捷键，注意观察活动单元格的变化。

表 4-1-4 电子表格定位活动单元格快捷键

快捷键	意义
光标键（← →↑↓）	
Home	
Page Up	
Page Down	
Ctrl+ 光标键（← →↑↓）	
Ctrl+Home	
Ctrl+End	

选择 1 行（列）单元格可直接单击相应的行号（列标）。选择连续的多行（列）单元格在行标（列标）上拖动；选择不连续的多行（列）单元格，按住 Ctrl 键后单击或拖动行号（列标）。

实践操作

1. 获取数据

采用以下两种方式获取相关数据。

（1）制作纸质问卷调查表

制作纸质幸福小区社区老年居民基本情况问卷调查表，发放给社区老年居民填写，整理问卷。

（2）制作电子版调查问卷

问卷星和腾讯问卷等平台都可以制作问卷，将问卷生成二维码后，社区居民可以通过扫码填写问卷完成调查。参考步骤如下：

步骤 1：创建调查问卷。在移动终端打开问卷 APP 或在计算机中打开浏览器，访问“百度”，输入关键词“问卷调查”，选择问卷调查网站。注册账号登录后，新建问卷，并命名为“幸福小区社区居民健康运动抽样调查”，逐一输入问卷内容，保存并发布问卷，如图 4–1–6 所示。

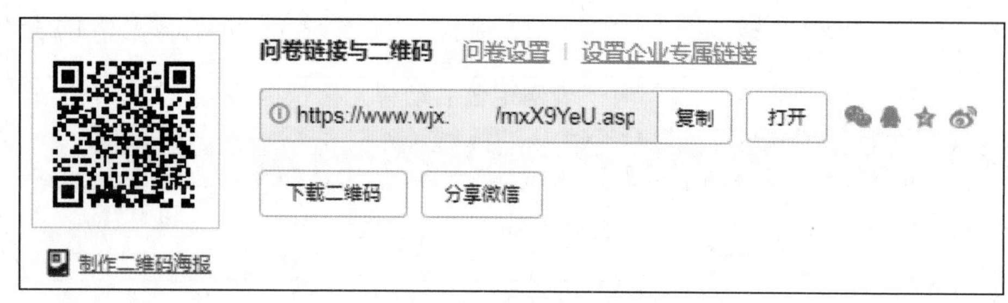

图 4–1–6　完成并发布问卷

步骤 2：发布调查问卷。将调查问卷二维码或链接地址转发给社区居民，让居民扫码或访问链接完成问卷填写。

步骤 3：下载调查问卷结果。问卷结束后，登录问卷管理网站或 APP，选择问卷“幸福小区社区居民健康运动抽样调查”，单击“分析和下载”功能，下载问卷调查结果，如图 4–1–7 所示。

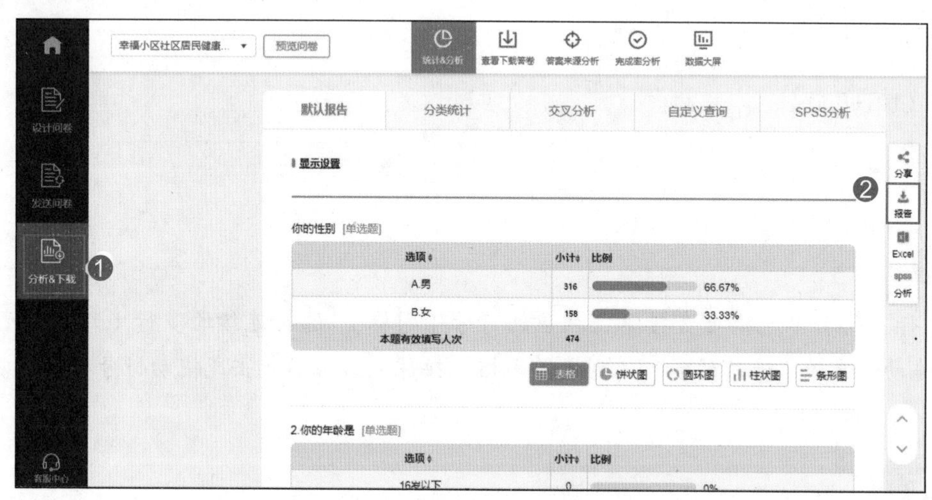

图 4–1–7　下载问卷调查结果

步骤 4：整理调查问卷数据。打开问卷调查结果数据文件，删除不需要的数据列，如要删除 B 列 ~F 列，需先选中 B 列 ~F 列然后单击鼠标右键，在快捷菜单中选择“删除”命令删除数据，如图 4–1–8 所示。

L1　fx

	A	B	C	D	E	F	G	H	I
1	序号	提交答卷时间	所用时间	来源	来源详情	来自IP	你的性别	2.你的年龄	3.你喜欢
2	1	2021/4/02 11:45:40	28秒	链接	http://www.　.cn/	129.105.94.103	A.男	40-50岁	B.快走
3	2	2021/3/28 10:12:16	20秒	链接	http://www.　.cn/	125.81.75.144	B.女	18-24岁	C.慢走
4	3	2021/3/30 17:27:12	37秒	链接	http://www.　.cn/	111.119.173.71	A.男	24-30岁	C.慢走
5	4	2021/3/25 17:27:25	37秒	链接	http://www.　.cn/	127.28.140.79	A.男	40-50岁	B.快走
6	5	2021/3/25 07:40:31	31秒	链接	http://www.　.cn/	120.122.226.121	B.女	18-24岁	C.慢走
7	6	2021/3/29 18:28:31	17秒	链接	http://www.　.cn/	125.26.245.189	A.男	24-30岁	C.慢走
8	7	2021/3/25 07:23:25	31秒	链接	http://www.　.cn/	118.110.194.217	A.男	40-50岁	B.快走
9	8	2021/4/01 07:39:20	29秒	链接	http://www.　.cn/	118.108.63.187	B.女	18-24岁	C.慢走
10	9	2021/3/29 11:16:25	22秒	链接	http://www.　.cn/	126.42.66.103	A.男	24-30岁	C.慢走
11	10	2021/4/02 19:40:25	18秒	链接	http://www.　.cn/	117.81.236.111	A.男	40-50岁	B.快走
12	11	2021/3/25 13:34:44	20秒	链接	http://www.　.cn/	113.85.148.82	B.女	18-24岁	C.慢走

图 4–1–8　整理调查问卷数据

2. 输入数据

将纸质问卷获取的数据输入电子表格软件，可以录入数据或批量导入外部数据，方法如下：

方式 1：录入数据。

①打开电子表格软件，新建“工作簿”。

②输入列标题文字。选择“Sheet1”工作表第 1 行对应单元格，输入表格标题。然后在第 2 行依次输入表格标题行文字。

③输入“序号”列数据，选择 A3 单元格，输入起始数据“1”，往下拖动填充柄录入数据，输入图 4-1-9 中的其他数据。

	A	B	C	D	E	F	G	H	I	J
1	幸福小区老年居民信息表									
2	序号	姓名	性别	年龄	子女信息	楼幢	健康状态	体检日期	联系电话	志愿者姓名
3	1	李小青	女	61		4幢	高血压	2021/3/2	130****2345	王萍萍
4	2	刘洪杰	男	61		7幢	健康	2021/3/18	167****4490	杨志智
5	3	李钰鹏	男	60		9幢	心脏病	2021/2/28	153****6564	小小
6	4	文耀华	女	63		2幢	健康	2021/2/13	138****6022	王萍萍
7	5	鲜家豪	男	65		11幢	健康	2021/3/22	189****5576	杨志智
8	6	张佳乐	男	60		10幢	健康	2021/3/23	177****8912	王萍萍
9	7	宋玲	女	63		2幢	高血压	2021/2/14	130****8891	王萍萍
10	8	姜饶成	男	62		6幢	健康	2021/3/7	133****0236	小小
11	9	赵奇骏	男	63		10幢	健康	2021/3/7	139****0276	王萍萍
12	10	李飞羊	男	71		7幢	高血压	2021/2/14	188****4770	王萍萍

图 4-1-9　问卷数据表

方式 2：导入外部数据。如果多人录入数据，可将其他人录入的数据导入或复制到电子表格中。

3. 复制数据

先选中待复制的数据区域，此时区域边界变为动态闪烁的绿色虚线，使用 Ctrl+C 组合键或快捷菜单中的“复制”命令执行复制数据操作，然后将鼠标定位到目标区域的起始单元格，完成粘贴操作。粘贴时选择快捷菜单的“选择性粘贴”子菜单或工具栏“粘贴”下拉列表中“选择性粘贴”命令，有选择性地复制源单元格中的值和数字格式、公式等，还可选择“转置”命令将行数据进行列互换，如图 4-1-10 所示。

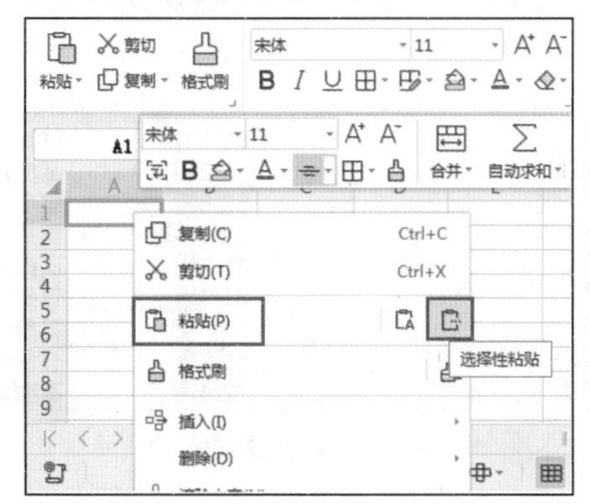

图 4-1-10　选择性粘贴

批量有规律的数据修改可以使用“替换”功能提高修改数据效率。

另外还可以使用“剪切”“粘贴”方式或拖动单元格方式移动数据。

4. 整理工作簿

以幸福小区老年居民志愿者服务信息表为例，小小发现“幸福小区老年居民志愿者服务信息表”中有的数据是无效的、错位的，有的数据输入错误；信息表中缺少 1 列“子女信息”的数据；“幸福小区 2020 年志愿者服务信息表－基本信息”表中的所有数据没有复制到“幸福小区老年居民志愿者服务信息表”中。针对以上问题，小小接下来要清除无效数据、修改错误数据、插入空白列并输入数据并且复制其他工作表中的数据。

（1）清除无效数据

打开“幸福小区老年居民志愿者服务信息表”，选择“Sheet1”工作表中无效数据单元格区域，按 Delete 键或者单击鼠标右键，在快捷菜单中选择“清除内容”命令，根据不同情况选择“全部”或“内容”选项清除单元格区域中的数据，如图 4-1-11 所示。

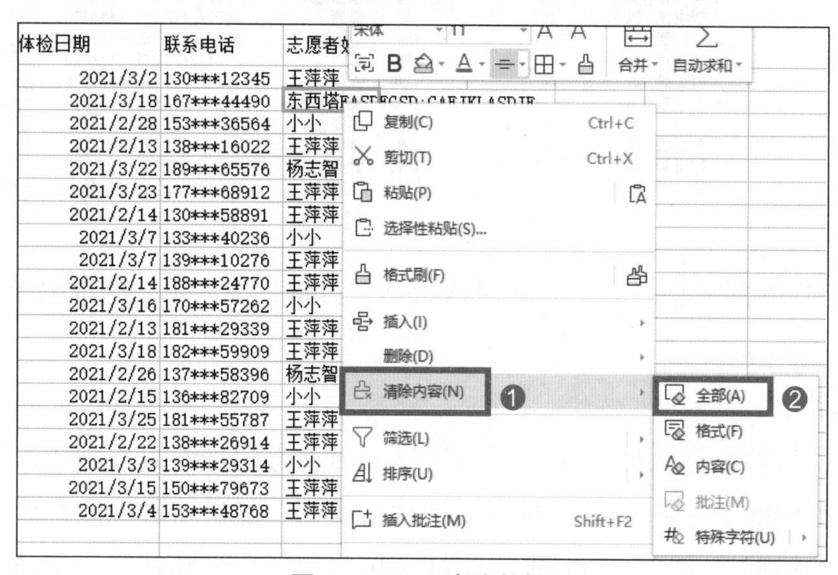

图 4-1-11 清除数据

（2）修改错误数据

选择错误数据所在单元格，重新输入正确的数据后按 Enter 键确认，如图 4-1-12 所示。

60	10幢	健康
63	2幢	高血压
62	6幢	健康
63	10幢	健康
71	7幢	高血压
62	9幢	健康
70	2132	健康
61	2幢	心脏病
72	4幢	高血压

60	10幢	健康
63	2幢	高血压
62	6幢	健康
63	10幢	健康
71	7幢	高血压
62	9幢	健康
70	3幢	健康
61	2幢	心脏病
72	4幢	高血压

图 4-1-12 修改数据

（3）插入空白列并输入数据

选择“楼幢”列（E 列），用鼠标右键单击列号，选择快捷菜单命令“插入”，将列数数值设为“1”，插入空白列，在空白列 E2 单元格输入标题“子女信息”，其他数据待收集后补充输入，如图 4–1–13 所示。

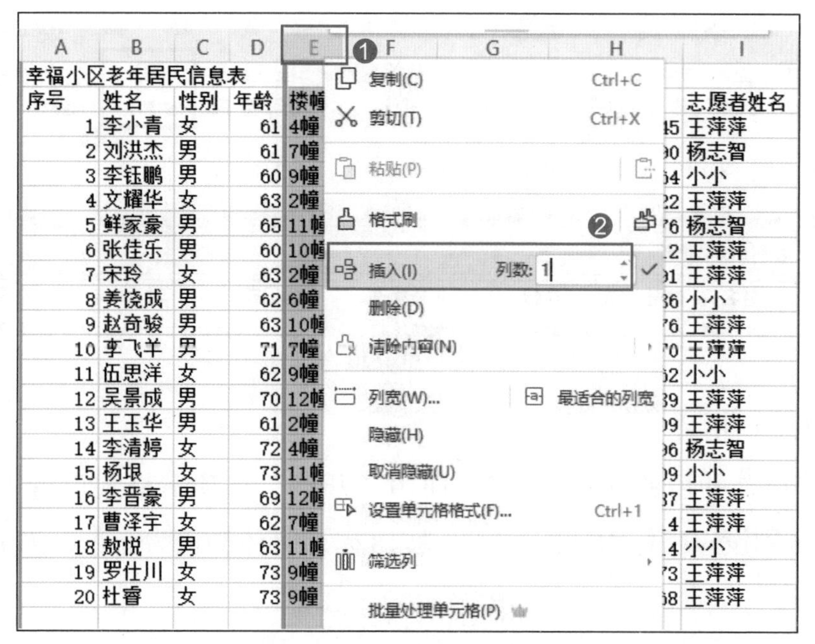

图 4–1–13　插入空白列

（4）复制其他工作表中的数据

打开“幸福小区 2020 年志愿者服务信息表”，选择“基本信息”工作表，按 Ctrl+A 组合键选择全部有效数据，按 Ctrl+C 组合键复制数据。打开“幸福小区老年居民志愿者服务信息表”工作簿的“Sheet1”工作表，选择 A 列，按 Ctrl+↓组合键到数据区最后一行，再下移 1 行后按 Ctrl+V 组合键粘贴数据。

（5）保存表格

完成数据整理后按 Ctrl+S 组合键保存表格。

5. 美化数据呈现形式

小小需要将“幸福小区老年居民信息表”进一步美化，要求如下：

①将 A1~J1 单元格合并，设置字体为楷体，字号为 18 磅，字体颜色为蓝色，设置行高为 30，设置水平和垂直对齐方式均为居中对齐；

②将标题行（第 2 行）文字水平对齐方式设置为居中，设置字体为黑体，字号为 14 磅，底纹为浅蓝色；

③将第 2 行 ~ 第 22 行数据单元格设置表格边框和底纹样式为“表格样式 – 表样式浅色 7”，设置行高为 18，对齐方式为水平居中，将各列宽设置为最合适宽度；

④对“健康状态”列（F 列）数据区域使用“条件格式”功能，设置“健康状态”为“心脏病”的单元格为浅黄色底线、红色文字、加粗，设置“健康状态”为“高血压”的单元格为浅蓝色底线、红色文字、加粗。

（1）单元格合并居中

选择A1~J1单元格，单击“开始”选项卡中“合并居中”的下拉按钮，如图4-1-14所示。

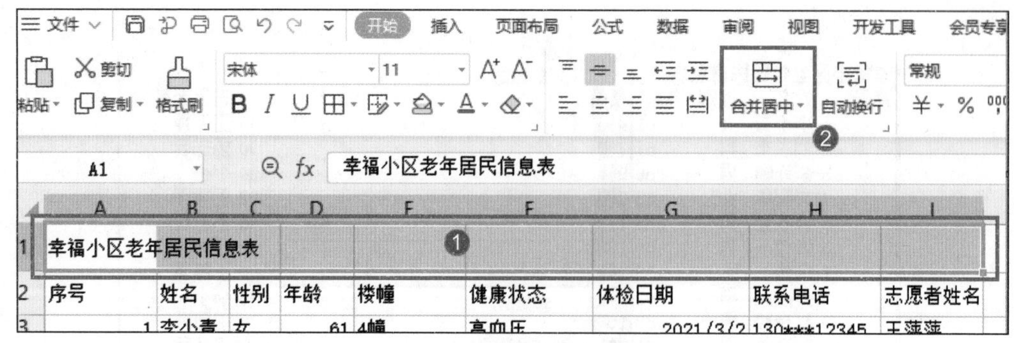

图 4-1-14　单元格合并居中

（2）设置单元格格式

步骤 1：选择合并后的 A1 单元格，使用“开始”选项卡格式设置工具按钮，如图 4-1-15 所示。分别设置字体为楷体，字号为 18 磅，字体颜色为蓝色，水平和垂直对齐方式均为居中对齐。

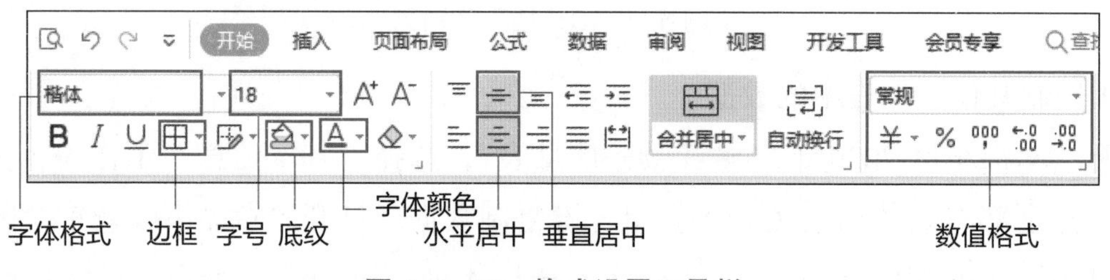

图 4-1-15　格式设置工具栏

步骤 2：选择标题的（第 2 行）文字单元格，设置水平对齐方式为居中，字体为黑体，字号为 14 磅，底纹为浅蓝色。选择第 3 行 ~ 第 22 行数据单元格，设置表格边框和底纹样式为“表格样式”→“表样式浅色 7”，对齐方式设置为水平居中，如图 4-1-16 所示。

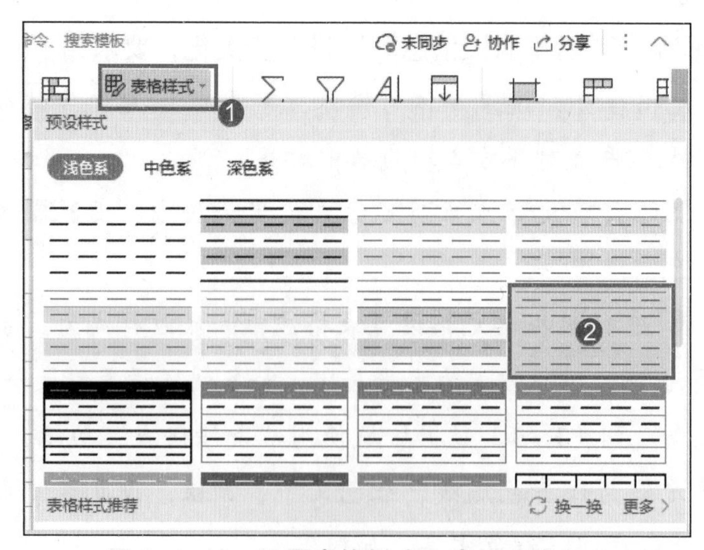

图 4-1-16　设置表格样式 – 表样式浅色 7

（3）设置行高和列宽

选择第 1 行，设置行高为 30。选择第 2 行 ~ 第 22 行数据单元格，设置行高为 18。选择 A~J 列，设置列宽为最合适宽度，如图 4–1–17 所示。

图 4–1–17　设置行高和列宽

（4）应用条件格式

选中“健康状态”列（G 列）数据区域，在“开始”选项卡中，单击“条件格式”下拉按钮，在下拉菜单中选择“新建规则”命令，在“选择规则类型”列表中选择“使用公式确定要设置格式的单元格”选项，在“只为满足以下条件的单元格设置格式”文本框中输入“心脏病”，再单击“格式”按钮，设置底纹为“浅黄色底线”，字体颜色为“红色”，字体样式为“粗体文字”，如图 4–1–18 所示。用同样的方法设置“健康状态”列中单元格值为“高血压”的单元格样式为浅蓝色底线、红色文字、加粗。

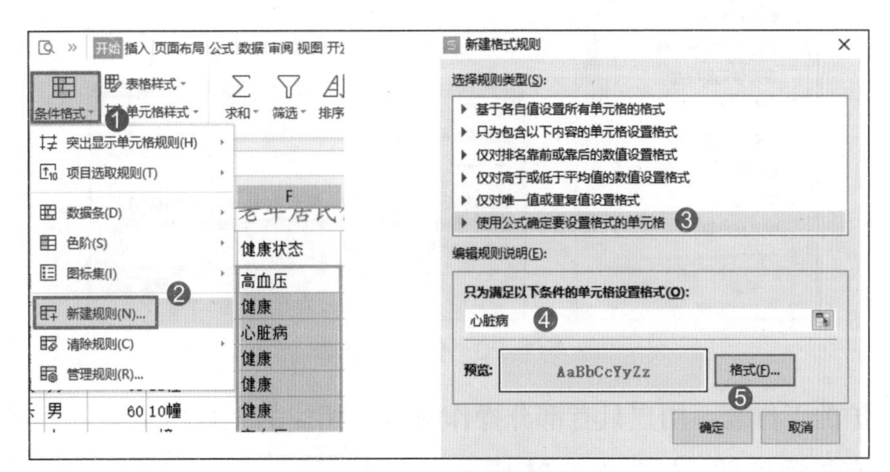

图 4–1–18　应用条件格式

和文字处理软件一样，可使用格式刷复制已设置好的格式应用于新的单元格。单击“格式刷”按钮，可将源格式单元格的格式通过拖动功能复制到目标单元格；如果双击格式刷按钮，可多次复制源格式到目的单元格；按 Esc 键取消。

（5）保存文件

保存文件，效果如图 4–1–19 所示。

幸福小区老年居民信息表									
序号	姓名	性别	年龄	子女信息	楼幢	健康状态	体检日期	联系电话	志愿者姓名
1	李小青	女	61		4幢	高血压	2021/3/2	130****2345	王萍萍
2	刘洪杰	男	61		7幢	健康	2021/3/18	167****4490	杨志智
3	李钰鹏	男	60		9幢	心脏病	2021/2/28	153****6564	小小
4	文耀华	女	63		2幢	健康	2021/2/13	138****6022	王萍萍
5	鲜家豪	男	65		11幢	健康	2021/3/22	189****5576	杨志智
6	张佳乐	男	60		10幢	健康	2021/3/23	177****8912	王萍萍
7	宋玲	女	63		2幢	高血压	2021/2/14	130****8891	王萍萍
8	姜饶成	男	62		6幢	健康	2021/3/7	133****0236	小小
9	赵奇骏	男	63		10幢	健康	2021/3/7	139****0276	王萍萍
10	李飞羊	男	71		7幢	高血压	2021/2/14	188****4770	王萍萍
11	伍思洋	女	62		9幢	健康	2021/3/16	170****7262	小小
12	吴景成	男	70		12幢	健康	2021/2/13	181****9339	王萍萍
13	王玉华	男	61		2幢	心脏病	2021/3/18	182****9909	王萍萍

图 4–1–19　格式化数据表

6. 保护工作表

若不允许其他用户编辑修改工作表数据，可使用保护工作表功能。在“审阅”选项卡中，单击“保护工作表”按钮，在弹出的对话框中，勾选允许操作的权限，在对话框中输入密码，并再次验证，保存文件后，其保护工作表功能设置完成，如图 4–1–20 所示。

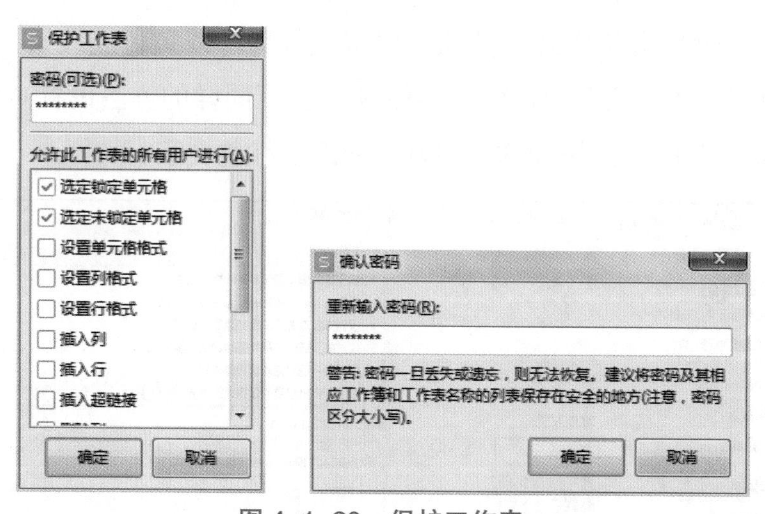

图 4–1–20　保护工作表

打开被保护的工作表，用户只有部分操作权限，相应的工具栏呈灰色，其他功能被屏蔽，操作也会有提示信息，如图 4–1–21 所示。只有输入正确的密码，撤销工作表保护后，才能正常操作。选择需撤销保护的工作表，在“审阅”选项卡中，单击“撤销工作表保护”按钮，输入正确的密码，保存文件后，工作表保护功能被撤销。

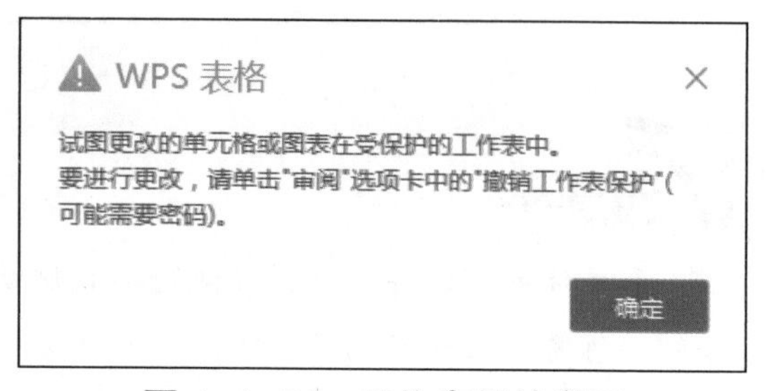

图 4–1–21　工作表保护提示

拓展延伸

权威数据获取

中华人民共和国成立以来，我国经历了 7 次人口普查、4 次经济普查、3 次农业普查和 3 次工业普查，形成了大量数据，为党和政府制定政策和决策打下基础。

访问“国家统计局”或“国家数据”网站了解关系民生的数据，如图 4–1–22 所示。

图 4–1–22　国家数据官网

除了以上网站，我国还有很多专业领域的商业数据网站，注册、付费后可下载数据，如图 4–1–23 所示。

图 4–1–23　商业数据网站

自我评价

请根据自己的学习情况完成表 4–1–5，并按掌握程度填涂☆。

表 4–1–5 自我评价表

知识与技能点	我的理解（填写关键词）	掌握程度
数据的采集方式		☆☆☆
电子表格软件中工作簿、工作表、单元格的关系		☆☆☆
数据的类型及转换方法		☆☆☆
数据填充方式		☆☆☆
单元格选择技巧		☆☆☆
选择性粘贴操作方法		☆☆☆
保护工作表操作方法		☆☆☆
收获与心得		

举一反三

1. 将表 4–1–6 中的数据录入到新建的工作簿中，并保存文件。

表 4–1–6 30 分钟各项运动消耗热量表

运动项目	运动强度	66 公斤男性消耗热量 / 千卡	56 公斤女性消耗热量 / 千卡
步行	慢速	82.5	69.9
	中速	115.5	98.1
	快速	132	111.9
跑步	走跑结合	198	168
	慢跑	231	195.9
	快跑	264	224.1
自行车	12~16km/h	132	111.9

2. 收集家人和同学的身高、体重、饮食习惯和运动数据，输入电子表格，并美化表格。

在收集数据时注意数据的完整性，在输入数据时注意寻找数据规律，用计算思维采用程序化输入方式，避免重复工作，提高工作效率。同时注意数据输入的正确性和规范化。

3. 通过网络查询健康指数信息表，整理形成文件。

4. 尝试通过“八爪鱼”等大数据工具软件采集近 1 个月智能手环的京东网销售数据。

任务 2 加工数据

经过努力，小小把以不同方式采集来的社区居民基本信息、健康运动情况整理完成。但从原始数据中无法直接了解社区居民健康质量、运动情况。原始数据必须经过数据加工才能进一步应用。如何通过公式或函数计算得到需要的结果？如何对数据进行排序和筛选呢？这就要对数据进行加工。数据加工包括去除重复数据、运用公式和函数进行计算、数据排序、数据筛选和分类汇总等。本任务以 WPS 表格实施完成。

感知体验

数据排序及计数统计

幸福小区老年人较多，社区工作人员想通过前期的调查数据了解社区居民中百岁老人的数量及占居民代表人数比例。小小尝试用数据加工的方式进行统计。

小小打开社区居民信息表，选中“年龄”单元格，执行“开始”→“排序”→“降序”命令，完成将数据按年龄从高到低排列，再选择所有年龄在 100 以上的 D2~D17 单元格，在下方的状态栏显示统计信息，其中计数为 16 人，已知居民代表总数为 850 人，得到百岁老人占比为 1.88%，如图 4-2-1 所示。

序号	姓名	性别	年龄	楼幢
67	孙万祺	女	119	11幢
43	刘洋洋	男	115	7幢
25	毕明华	男	111	6幢
70	蒋礼虎	男	108	11幢
58	詹乐	男	107	10幢
45	李鸿超	男	106	3幢
60	董婷婷	女	106	9幢
66	张瑞瑞	男	106	7幢
31	种道涵	女	104	4幢
62	徐钦政	男	104	2幢
64	叶振昀	女	104	11幢
77	房敬超	女	104	3幢
21	曹丰斌	女	102	2幢
49	邵翔宇	男	101	12幢
59	张亚男	女	101	7幢
38	邵佳琦	男	100	11幢
32	王妍岩	男	97	11幢

平均值=106.125 计数=16 求和=1698

图 4-2-1 数据排序及计数统计

知识学习

1. 数据加工

数据加工是指根据数据分析需求对数据进行编码、清洗、重组、运算等操作，使采集到的数据形成简洁、规范、清晰的样本数据。

数据加工后，将形成有价值的信息，能更好地为我们的生活、工作和学习服务，因此数据加工的重要性不言而喻。数据加工广泛应用于日常生活和社会生产的各个领域。例如，在锻炼身体的过程中，及时收集、分析的生理和运动数据，可以帮助我们合理调整运动计划，提高运动质量；再如，在医院，医疗设备采集并加工后的数据能为医生治疗病人提供决策依据。

数据加工的方法主要包括数据运算、数据排序、数据筛选和数据汇总等，如图 4-2-2 所示。

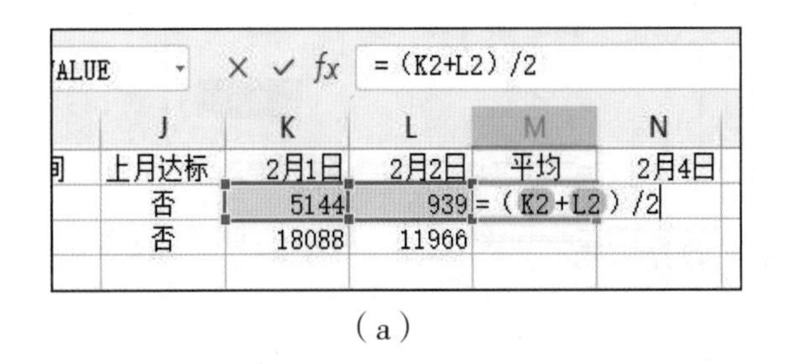

(a)

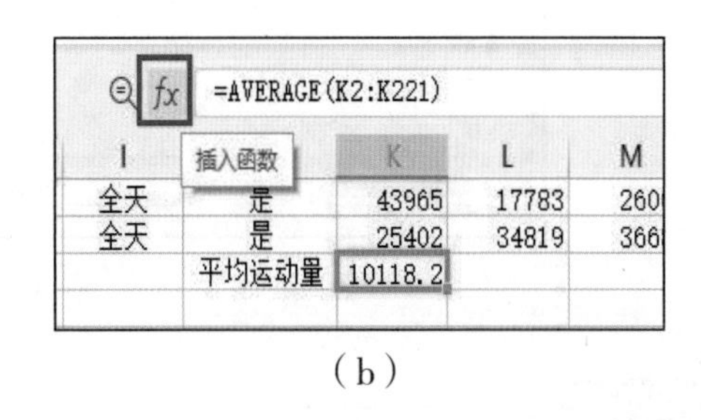

(b)

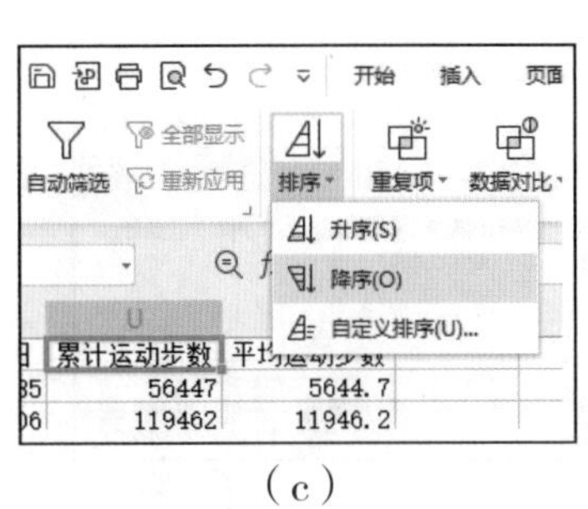

(c)

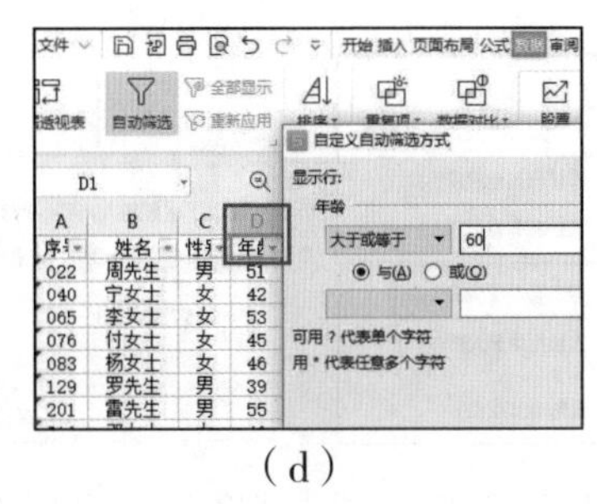

(d)

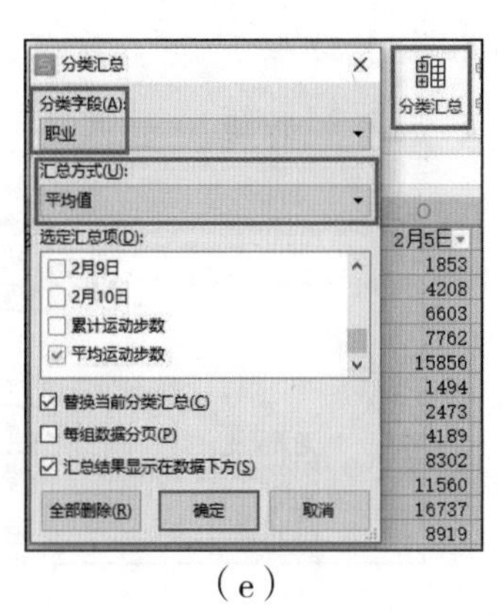

(e)

图 4-2-2　数据加工

(a) 公式运算;(b) 函数运算;(c) 数据排序;(d) 数据筛选;(e) 分类汇总

①数据运算：通过公式和函数计算数据得到新的数据；

②数据排序：根据特定指标对数据按从小到大或从大到小进行排列，获得新的顺序；

③数据筛选：从原始数据筛选出符合指定条件的数据；

④数据汇总：以某特定指标分组并对数据进行统计获得新的数据。

2. 数据整理

数据处理软件采集数据的方式很多，但经常出现数据不完整、重复或错误的情况，需对数据进行整理保证数据质量，即保证数据的准确性、完整性和统一性。数据完整性指数据不能有缺失，统一性指数据要符合统一的标准，准确性指数据不能有错误。

数据整理主要包括删除重复数据、补全缺失数据和校正错误数据等操作。

在电子表格软件中，还可以通过“数据对比”功能标记、提取重复或唯一数据。

（1）删除重复数据

数据冗余、重复会影响数据分析的准确性。电子表格软件提供有“删除重复项”功能，如图 4-2-3 所示。

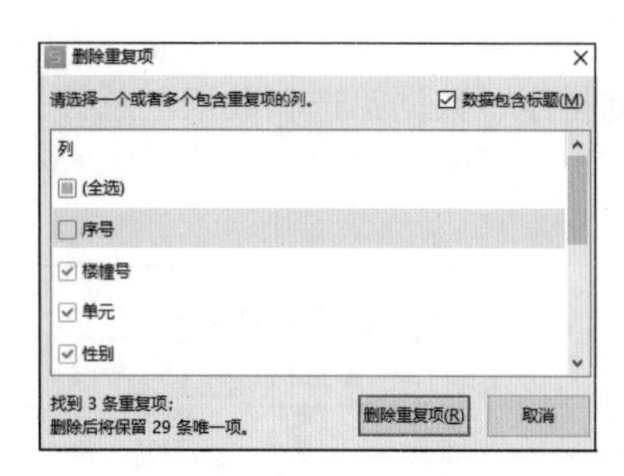

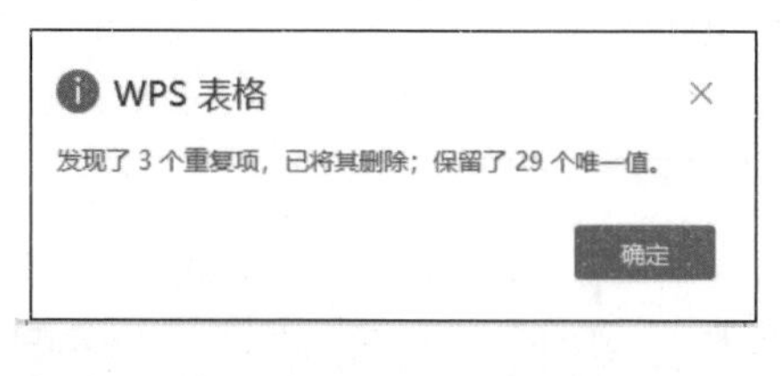

图 4-2-3 数据去重

实践活动

为防止数据冗余、重复输入，可设置拒绝录入重复项，请在电子表格软件中尝试设置并输入数据，如图 4-2-4、图 4-2-5 所示。

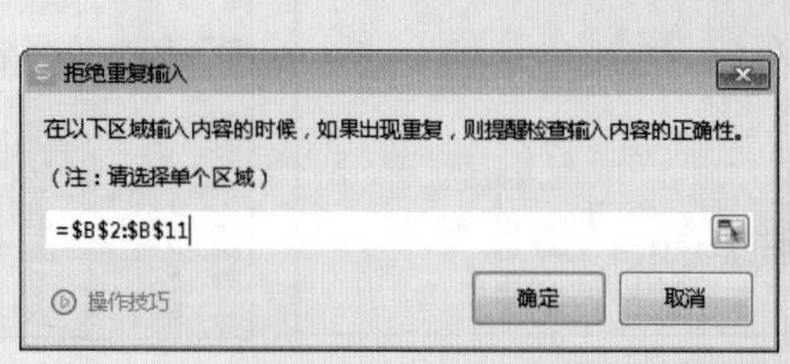

图 4-2-4 设置拒绝录入重复项

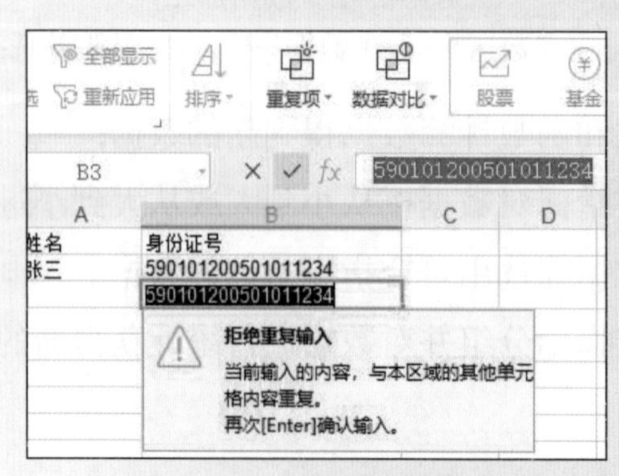

图 4-2-5 拒绝重复输入

（2）查找缺失数据

当数据表中有大量数据时，部分缺失数据不易被察觉。使用“定位”功能可标记空白单元格，快速查找到缺失数据的单元格，如图 4-2-6 所示。

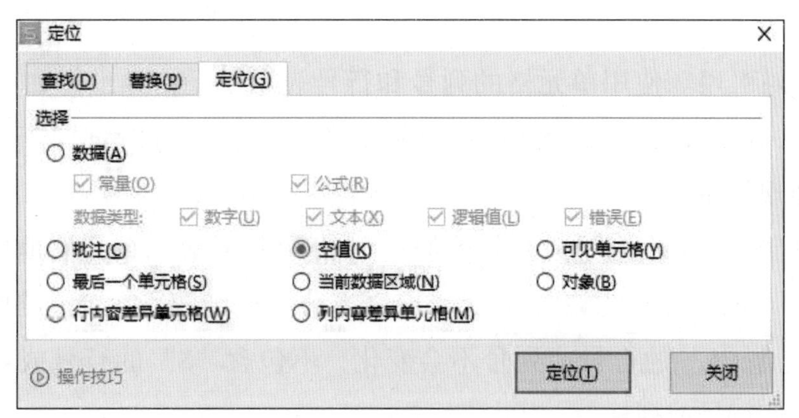

图 4-2-6　定位缺失数据单元格

（3）校正错误数据

对已采集的数据，要找到并校正数据偏差是有困难的，使用“有效性”功能可标记或圈释偏差数据单元格，再检查修正数据，如图 4-2-7 所示。

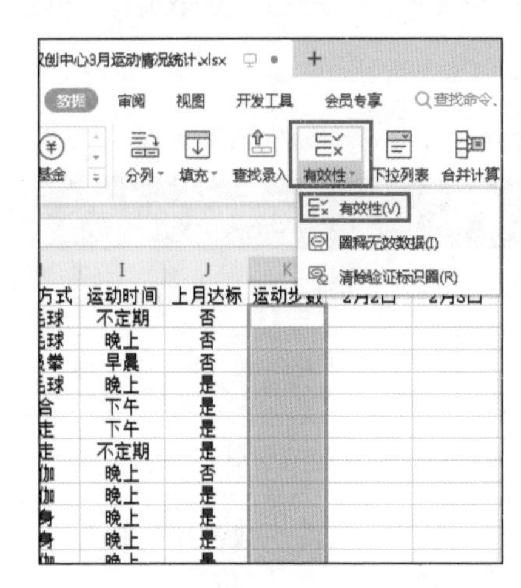

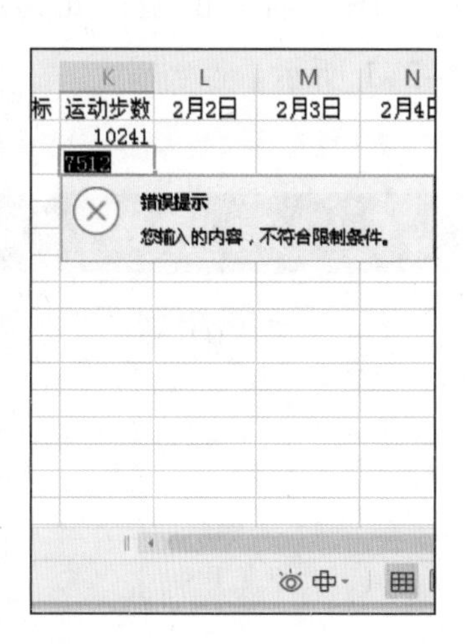

图 4-2-7　校正错误数据

3. 引用单元格

电子表格软件用行 / 列编号的单元格地址指代单元格中的数据，在对数据实施处理操作时需要引用单元格地址，以便获取相应单元格中的数据。尤其是在利用自动填充功能批量自动计算时，公式或函数中的单元格地址可能需要自动递增或递减，以便保持相对位置不变，由此衍生出不同的单元格引用方式。

（1）单元格引用地址

单元格引用会使用“:”“,”作为连接符，其中“:”表示“到”的含义，“,”表示“及”的含义，如“B2:C5,F8”表示从 B2 单元格到 C5 单元格及 F8 单元格。

（2）单元格引用方式

方式 1：绝对引用。在列号和行号前加一个“$”符号限定单元格地址，如“F5”的绝对引用地址为 $F$5，该地址不会随着公式或函数所在单元格的变化而改变，始终保持为“$F$5”。

方式 2：相对引用。使用单元格的列号和行号表示单元格地址，如“A7”表示 A 列的第 7 个单元格，该地址会随着公式或函数所在单元格的变化自动改变行号和列号，以保持相对位置不出现偏差。

方式 3：混合引用。在列号或行号前加一个“$”符号表示单元格地址，如“C7”的混合引用地址是“$C7”或“C$7”，该地址会随着公式或函数所在单元格的变化自动改变行号或列号，包含“$”的行号或列号不会变化，不包含“$”的行号或列号会跟着行或列的变化自动改变行号或列标。

4. 常用运算符

电子表格中的运算符主要有算术运算符、文本运算符和比较运算符。

（1）算术运算符

用于对数值型单元格或数值进行运算，运算数据和运算结果均为数值型数据，如表 4–2–1 所示。

表 4–2–1　常用算术运算符及其含义

算术运算符	含义	示例
+（加号）	加法运算	运动量 +1200
-（减号）	减法运算	体重 −12
	负数	−50
*（星号）	乘法运算	运动步数 *0.12
/（正斜线）	除法运算	身高 / 体重
%（百分号）	百分比	20%
^（插入符号）	乘方运算	4^3

（2）文本运算符

用于对文本型数据进行连接，产生文本结果，如表 4–2–2 所示。

表 4–2–2　常用文本运算符及其含义

文本运算符	含义	示例
&（和）	文本连接	“幸福小区”&“居民信息”

（3）比较运算符

用于比较两个值，产生的结果是逻辑值 TRUE 或 FALSE。比较运算符两端的数据类型要相同，如表 4-2-3 所示。

表 4-2-3　常用比较运算符及其含义

比较运算符	含义	示例
=（等号）	等于	职业 = “医生”
>（大于号）	大于	年龄 >60
<（小于号）	小于	运动步数 <10000
>=（大于等于号）	大于或等于	运动天数 >=5
<=（小于等于号）	小于或等于	运动消费金额 <=100
<>（不等号）	不相等	健康状态 <> “健康”

5. 数据表达式

在数据运算中，经常需要使用表达式。表达式包括数据、单元格引用、运算符、函数等，其中数据包括常量和变量。常量是恒定不变的数据，包括数值、文本、日期值等，如“2021”“运动员”“2021-3-15”等（文本和日期要用半角双引号分隔）；而变量则会随着运算具体情况而变化，包括单元格引用和函数，如 A3-14、A$1 等。

6. 常用函数

电子表格软件可以运用其强大的函数功能加工处理数据。函数其实是电子表格预定义的公式，常用函数主要有 SUM（）、AVERAGE（）、COUNT（）、MAX（）和 MIN（）等，如表 4-2-4 所示。

表 4-2-4　常用函数

函数名	格式	含义	举例
SUM	=SUM(参数 1, 参数 2,…)	求和	=SUM(A1:F5,G2:G10)
AVERAGE	=AVERAGE(参数 1, 参数 2,…)	求平均值	=AVERAGE(C3:C20,18)
COUNT	=COUNT(参数 1, 参数 2,…)	求数值、日期单元格个数	=COUNT(A2:G10)
MAX	=MAX(参数 1, 参数 2,…)	求最大值	=MAX(F2:F10)
MIN	=MIN(参数 1, 参数 2,…)	求最小值	=MIN(1,3,6)

探究活动

WPS 表格还有很多实用函数，如 IF()、SUMIF()、COUNTIF()、VLOOKUP() 等，请通过网络查询或同学讨论探究其作用。

7. 数据排序

排序一般有升序和降序两种，用户也可以自定义排序顺序。不同数据类型排序依据分别是:

①数值型：按数值大小排序；

②文本型：按文本的ASCII值排序；

③日期和时间数据格式：按时间和日期的先后排序。

①电子表格中，在“排序”对话框中单击“选项”按钮，可以选择按行或列排序，汉字还可按笔画排序。

②用户通过生成自定义序列后，可按自定义序列的顺序排序，而不用按其ASCII值排序。

③可以根据颜色色标进行排序。

8. 数据筛选

在电子表格软件中，数据筛选包括自动筛选和高级筛选两种。

（1）自动筛选

自动筛选可直接在筛选下拉框中选择1个或多个要筛选的内容，或者输入筛选条件，符合条件的行显示出来，不符合条件的行自动隐藏。筛选的结果可复制到其他工作表作为数据分析的基础数据。

（2）高级筛选

电子表格在普通筛选的基础上，还可以进行高级筛选。高级筛选可以横向筛选条件为且的关系、纵向筛选为或的关系、横纵向混合筛选条件为且和或的关系。

9. 数据汇总

电子表格软件的计算功能很方便，可通过函数或公式汇总计算结果。但如果数据量较大或复杂，逐一计算形成汇总数据效率较低。数据处理软件还有“分类汇总”和“合并计算”两种功能实现数据汇总。

（1）分类汇总

分类汇总是根据某类别数据对其他字段进行求和、计数等，因此必须先将数据表按分类的字段排序。选择“数据”选项卡的“分类汇总”工具，设置分类字段、汇总方式、汇总项等。

在“分类汇总”对话框中单击“全部删除”按钮可取消分类汇总结果。

（2）合并计算

合并计算指汇总表格不同单元格区域中的数据，在单个输出区域中显示计算结果。合并计算无须分类排序，汇总结果可直接存放在其他区域。选择要存放汇总数据的单元格，单击“数据”选项卡的“合并计算”工具，在“合并计算”对话框中选择合并计算的函数及数字字段的引用位置、标签位置，如图 4-2-8 所示。电子表格将根据选择引用区域最左列字段按相应函数对数据进行汇总，如图 4-2-9 所示。

图 4-2-8　合并计算

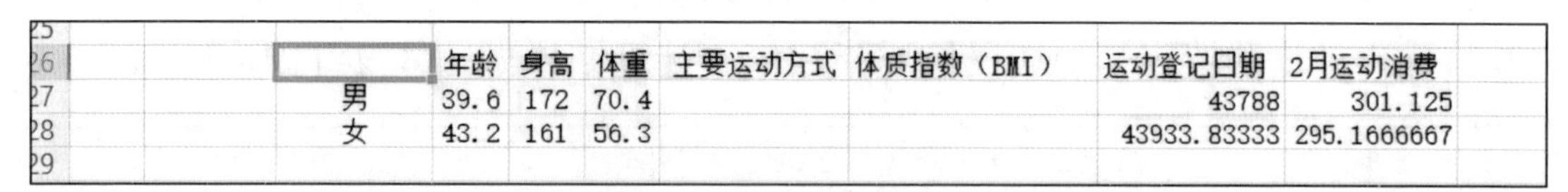

	年龄	身高	体重	主要运动方式	体质指数（BMI）	运动登记日期	2月运动消费
男	39.6	172	70.4			43788	301.125
女	43.2	161	56.3			43933.83333	295.1666667

图 4-2-9　合并计算结果

实践操作

社区工作人员希望小小加工“幸福小区居民 2 月健康运动情况”和“幸福小区老年居民信息表”数据表。小小和同学一起分析了要完成的工作内容和方法，具体如下：

①需要得到社区运动协会对社区居民运动消费补贴的数据。可以使用公式计算得到结果，计算公式为“运动协会补贴 = 运动消费金额 *0.05”。

②需要得到所有居民的体质指数。可以使用公式计算得到结果，计算公式为“体质指数 = 体重 /(身高 /100)^2”。

③需要统计小区居民平均年龄、身高、体重，计算小区居民 2 月运动消费总额。可以使用函数对数据进行运算获得结果。

④需要按性别和年龄两个排序要求对数据进行重新排列。可以对数据表格按照“性别”“年龄”进行升序排序。

⑤需要得到喜欢“游泳”的社区居民信息并复制数据。可以采用数据筛选方式得到主要运动方式为“游泳”的人员名单，再将筛选结果复制到新工作表。

⑥需要了解社区居民的不同性别、年龄、体重和身高情况。可以对数据表格按照“性别”“年龄”“体重”“身高”的平均值进行分类汇总得到结果。

⑦需要获取社区居民中不同运动方式的体质指数的平均值。可以采用合并计算得到结果。

1. 用公式进行数据计算

打开“幸福小区居民2月健康运动情况”工作簿“基本情况”工作表，选中K3单元格，在编辑栏中输入公式“=J3*0.05”，按Enter键或单击编辑栏“√”按钮确认，如图4-2-10所示。往下拖动填充柄可计算所有居民运动协会补贴数据。

DATEVALUE ✕ ✓ fx =J3*0.05 ❷ ❸

	A	B	C	D	E	F	G	H	I	J	K
1	幸福小区居民2月健康运动情况										
2	序号	姓名	性别	年龄	身高	体重	主要运动方式	体质指数（BMI）	运动登记日期	2月运动消费	运动协会补贴
3	1	范寿明	男	46	183	74	跑步	22.10	2020/1/31	￥209.00	=J3*0.05 ❶
4	2	胡闯	男	47	184	73	游泳	21.56	2020/12/26	￥510.00	

图 4-2-10 输入计算公式

用同样的方式计算居民“范寿明”的体质指数值（H3单元格），计算公式为“=F3/(E3/100)^2”，再计算并填充其他居民体质指数值，计算结果如图4-2-11所示。

	A	B	C	D	E	F	G	H	I	J	K
1	幸福小区居民2月健康运动情况										
2	序号	姓名	性别	年龄	身高	体重	主要运动方式	体质指数（BMI）	运动登记日期	2月运动消费	运动协会补贴
3	1	范寿明	男	46	183	74	跑步	22.10	2020/1/31	￥209.00	10.45
4	2	胡闯	男	47	184	73	游泳	21.56	2020/12/26	￥510.00	25.5
5	3	徐懿	男	22	177	71	足球	22.66	2019/4/15	￥382.00	19.1
6	4	阳文杰	男	56	174	69	跑步	22.79	2018/11/7	￥201.00	10.05
7	6	杨道朋	男	39	172	72	游泳	24.34	2020/2/23	￥255.00	12.75
8	7	王万红	男	24	163	67	跑步	25.22	2019/1/24	￥255.00	12.75
9	8	陈福宇	男	49	166	66	游泳	23.95	2018/10/22	￥467.00	23.35
10	11	宋德虎	男	60	183	77	游泳	22.99	2021/3/18	￥221.00	11.05
11	13	杨林	男	59	159	65	跑步	25.71	2020/5/21	￥87.00	4.35
12	15	吴成万	男	28	177	73	篮球	23.30	2019/5/11	￥402.00	20.1
13	16	杨玉路	男	60	165	69	游泳	25.34	2019/4/8	￥109.00	5.45
14	18	曾丞	男	28	180	72	跑步	22.22	2020/5/17	￥89.00	4.45
15	19	张强	男	18	169	71	游泳	24.86	2018/9/15	￥610.00	30.5
16	20	丁雨	男	60	170	72	跑步	24.91	2020/11/11	￥423.00	21.15
17	21	邢潋	男	19	169	67	篮球	23.46	2020/11/4	￥346.00	17.3
18	22	马虎洪	男	18	168	69	跑步	24.45	2019/11/23	￥252.00	12.6
19	5	程燕楠	女	20	168	68	篮球	24.09	2019/12/4	￥223.00	11.15
20	9	邓雅婷	女	54	158	45	跑步	18.03	2020/12/8	￥330.00	16.5
21	10	叶鑫	女	46	157	51	跑步	20.69	2020/4/14	￥205.00	10.25
22	12	郝文英	女	53	153	48	慢走	20.50	2020/3/23	￥78.00	3.9
23	14	刘春利	女	28	161	67	游泳	25.85	2020/9/21	￥501.00	25.05
24	17	熊丹	女	58	171	59	跑步	20.18	2019/8/7	￥434.00	21.7

图 4-2-11 计算数据

2. 利用函数进行数据计算

打开“幸福小区居民2月健康运动情况”工作簿“基本情况”工作表，选中D25单元格，单击“开始”选项卡，执行“自动求和”→“平均值”命令，拖动要计算的数据区域D3至D24单元格，按Enter键或单击编辑栏中的“√”按钮确认得到结果，如图4-2-12所示。选中D25单元格后向右拖动填充柄可得到身高、体重的平均值。

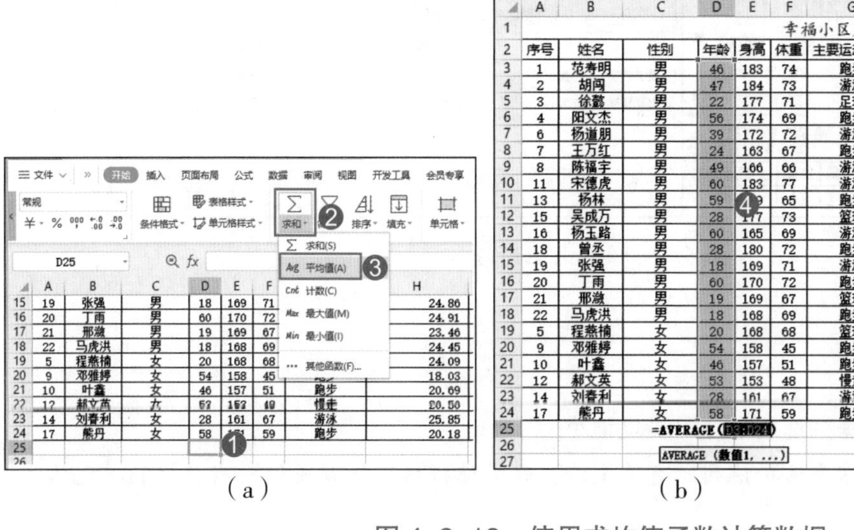

（a）　　　　　　（b）　　　　　　（c）

图 4-2-12　使用求均值函数计算数据

（a）选择平均值函数；（b）选择求平均值数据源；（c）计算结果

用同样的方法计算 J 列单元格小区居民 2 月运动消费总额（使用 SUM 函数），计算结果如图 4-2-13 所示。

J25　　=SUM(J3:J24)

	A	B	C	D	E	F	G	H	I	J	K
21	10	叶鑫	女	46	157	51	跑步	20.69	2020/4/14	￥205.00	10.25
22	12	郝文英	女	53	153	48	慢走	20.50	2020/3/23	￥78.00	3.9
23	14	刘春利	女	28	161	67	游泳	25.85	2020/9/21	￥501.00	25.05
24	17	熊丹	女	58	171	59	跑步	20.18	2019/8/7	￥434.00	21.7
25										6589	

图 4-2-13　使用求和函数计算数据

小提示

①电子表格软件中，在编辑栏中单击插入函数按钮 fx，即可选择使用。

②在填写函数参数时，可直接输入单元格编号，或拖动单元格区域后由软件自动完成。

3. 数据排序

（1）计算机电子表格软件排序

打开“幸福小区居民 2 月健康运动情况”工作簿“基本情况”工作表，选中排序关键字段“性别”所在单元格 C2，单击“开始”选项卡，执行“排序”→“自定义排序”命令，选择需排序的数据区域 A2 到 K24 单元格，确定主要关键字为“性别”，再单击“添加条件”按钮，增加次要关键字“年龄”，两个关键字默认按该列数据值从小到大排序，如图 4-2-14 所示。

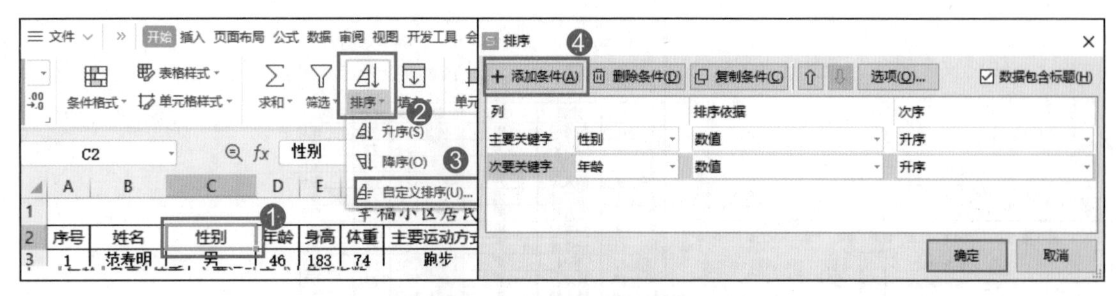

图 4-2-14　数据排序

①数据处理软件中“数据”选项卡可以实现排序；

②对某列数据排序，不需要选择该列所有单元格，只需选择该列标题或任一有数据的单元格。

（2）移动终端数据处理软件排序

在移动终端打开数据处理软件，打开“幸福小区居民 2 月健康运动情况”工作簿，选择 D2 单元格，单击左下角“工具”按钮，执行“数据”→“升序”命令，数据表按年龄从小到大排列顺序，如图 4-2-15 所示。

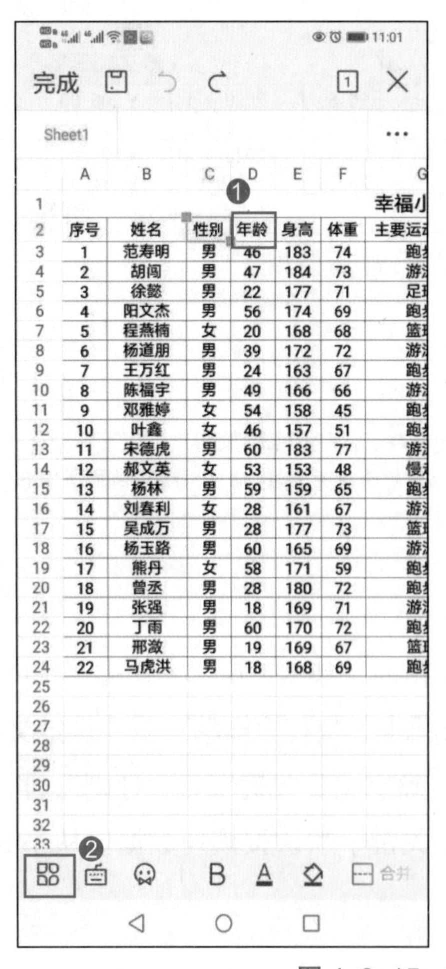

序号	姓名	性别	年龄	身高	体重	主要运动
1	范寿明	男	46	183	74	跑
2	胡闯	男	47	184	73	游
3	徐懿	男	22	177	71	足
4	阳文杰	男	56	174	69	跑
5	程燕楠	女	20	168	68	篮
6	杨道朋	男	39	172	72	游
7	王万红	男	24	163	67	跑
8	陈福宇	男	49	166	66	游
9	邓雅婷	女	54	158	45	跑
10	叶鑫	女	46	157	51	跑
11	宋德虎	男	60	183	77	游
12	郝文英	女	53	153	48	慢
13	杨林	男	59	159	65	跑
14	刘春利	女	28	161	67	游
15	吴成万	男	28	177	73	篮
16	杨玉路	男	60	165	69	游
17	熊丹	女	58	171	59	跑
18	曾丞	男	28	180	72	跑
19	张强	男	18	169	71	游
20	丁雨	男	60	170	72	跑
21	邢澈	男	19	169	67	篮
22	马虎洪	男	18	168	69	跑

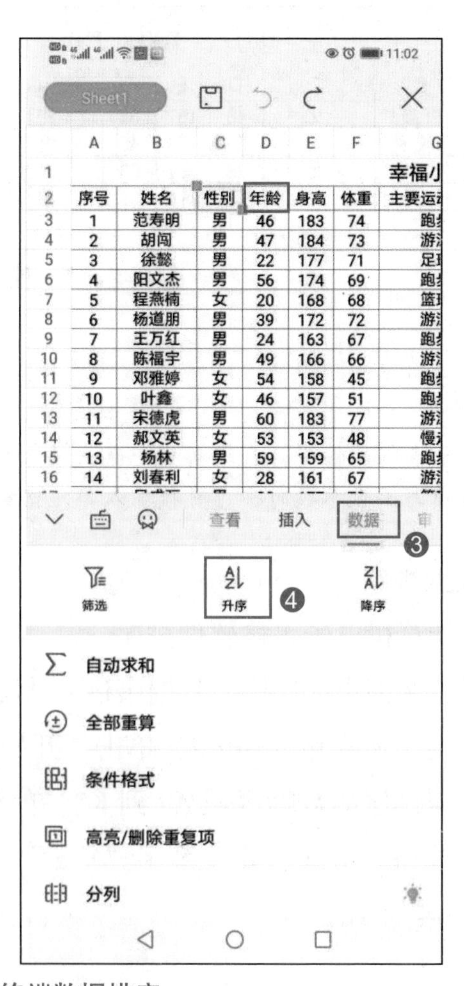

图 4-2-15　移动终端数据排序

4. 数据筛选

打开“幸福小区居民 2 月健康运动情况”工作簿“基本情况”工作表，选中要筛选的数据区域 A2 到 K24 单元格。在“开始”选项卡中，单击“筛选”按钮，数据表表头行出现下拉列表按钮▾，在列表中只勾选“游泳”选项，如图 4-2-16 所示。将筛选的数据进行复制，并在新建的工作表中粘贴复制的数据，结果如图 4-2-17 所示。

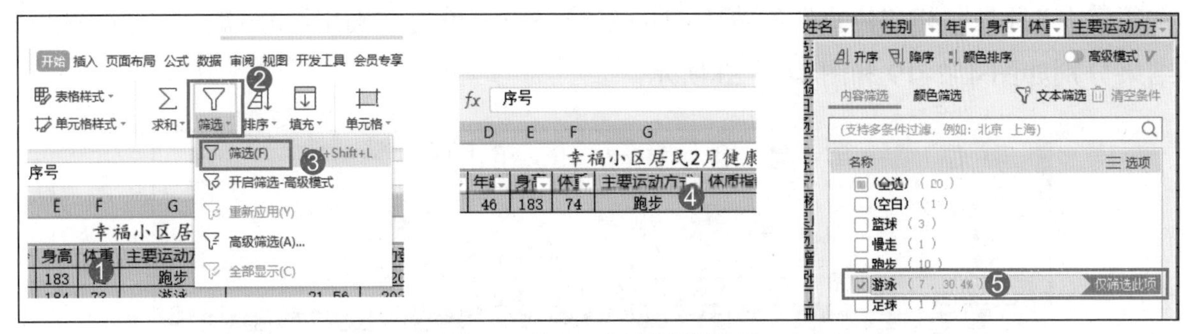

图 4-2-16　自动筛选数据

幸福小区居民2月健康运动情况										
序号	姓名	性别	年龄	身高	体重	主要运动方式	体质指数（BMI）	运动登记日期	2月运动消费	运动协会补贴
2	胡阔	男	47	184	73	游泳	21.56	2020/12/26	￥510.00	25.5
6	杨道朋	男	39	172	72	游泳	24.34	2020/2/23	￥255.00	12.75
8	陈福宇	男	49	166	66	游泳	23.95	2018/10/22	￥467.00	23.35
11	宋德虎	男	60	183	77	游泳	22.99	2021/3/18	￥221.00	11.05
16	杨玉路	男	60	165	69	游泳	25.34	2019/4/8	￥109.00	5.45
19	张强	男	18	169	71	游泳	24.86	2018/9/15	￥610.00	30.5
14	刘春利	女	28	161	67	游泳	25.85	2020/9/21	￥501.00	25.05

图 4-2-17　筛选并复制粘贴数据

移动终端数据处理软件也有数据筛选功能，操作方法与在计算机上的操作类似，如图 4-2-18 所示。

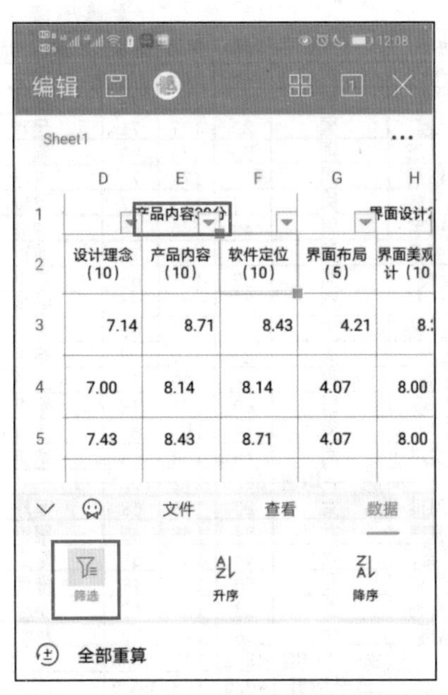

图 4-2-18　移动终端筛选数据

5. 数据汇总

（1）数据分类汇总

打开“幸福小区居民 2 月健康运动情况”工作簿“基本情况”工作表，选中需汇总的全部数据区域，再以“性别”为关键字进行升序排序。执行“数据”→“分类汇总”命令，在“分类汇总”对话框中选择分类字段为“性别”，选择汇总方式为“平均值”，选择“年龄”“身高”和“体重”等需汇总的数据字段，单击“确定”按钮，分类汇总步骤和结果分别如图 4-2-19 和图 4-2-20 所示。

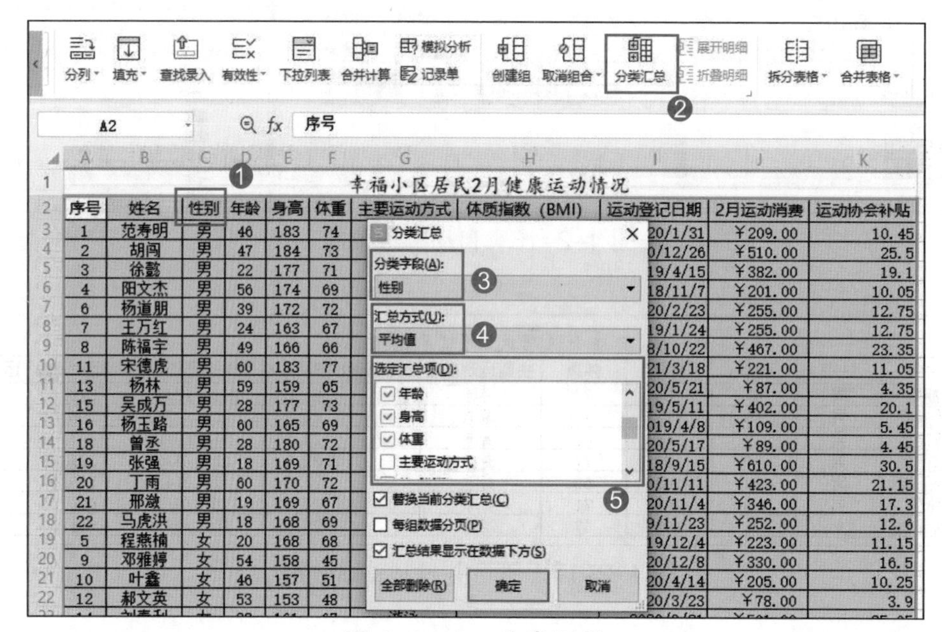

图 4-2-19　分类汇总

幸福小区居民2月健康运动情况

	序号	姓名	性别	年龄	身高	体重	主要运动方式	体质指数（BMI）
3	1	范寿明	男	46	183	74	跑步	
4	2	胡闯	男	47	184	73	游泳	
5	3	徐懿	男	22	177	71	足球	
6	4	阳文杰	男	56	174	69	跑步	
7	6	杨道朋	男	39	172	72	游泳	
8	7	王万红	男	24	163	67	跑步	
9	8	陈福宇	男	49	166	66	游泳	
10	11	宋德虎	男	60	183	77	游泳	
11	13	杨林	男	59	159	65	跑步	
12	15	吴成万	男	28	177	73	篮球	
13	16	杨玉路	男	60	165	69	游泳	
14	18	曾丞	男	28	180	72	跑步	
15	19	张强	男	18	169	71	游泳	
16	20	丁雨	男	60	170	72	跑步	
17	21	邢澈	男	19	169	67	篮球	
18	22	马虎洪	男	18	168	69	跑步	
19			男 平均值	39.6	172	70.4		
20	5	程燕楠	女	20	168	68	篮球	
21	9	邓雅婷	女	54	158	45	跑步	
22	10	叶鑫	女	46	157	51	跑步	
23	12	郝文英	女	53	153	48	慢走	
24	14	刘春利	女	28	161	67	游泳	
25	17	熊丹	女	58	171	59	跑步	
26			女 平均值	43.2	161	56.3		
27			总平均值	40.5	169	66.6		

图 4-2-20　分类汇总结果

选择左上角分类级别按钮中的“2”，按性别分类汇总，结果如图 4-2-21 所示。

	A	B	C	D	E	F	G	H	I	J	K
1	幸福小区居民2月健康运动情况										
2	序号	姓名	性别	年龄	身高	体重	主要运动方式	体质指数（BMI）	运动登记日期	2月运动消费	运动协会补贴
19			男 平均值	39.6	172	70.4				￥301.13	
26			女 平均值	43.2	161	56.3				￥295.17	
27			总平均值	40.5	169	66.6				￥299.50	

图 4-2-21　按性别分类汇总结果

（2）数据合并计算

打开“幸福小区居民 2 月健康运动情况”工作簿“Sheet1”工作表，选中存放汇总数据单元格起始位置 M2 单元格，选择“数据”→“合并计算”，在“合并计算”对话框中选择“函数”为“平均值”，单击“浏览”按钮，选择要合并计算的数据区域为 Sheet1 中 G2~H24 单元格，在“标签位置”中选择“首行”和“最左列”，如图 4-2-22 所示。

取消数据分类汇总结果，可在“分类汇总”对话框中单击“全部删除”命令。

股票　基金　分列　填充　查找录入　有效性　下拉列表　合并计算　模拟分析　记录单　创建组　取消组合　分类汇总

合并计算
选中多个区域，将这些区域的值合并到一个新区域中。

幸福小区居民2月健康运动情况

体重	主要运动方式	体质指数（BMI）	运动登记日期	2月运动消费	运动协会补贴
74	跑步	22.10	2020/1/31	￥209.00	10.45
73	游泳	21.56			
71	足球	22.66			
69	跑步	22.79			
72	游泳	24.34			
67	跑步	25.22			
66	游泳	23.95			
77	游泳	22.99			
65	跑步	25.71			
73	篮球	23.30			
69	游泳	25.34			
72	跑步	22.22			
71	游泳	24.86			
72	跑步	24.91			
67	篮球	23.46			
69	跑步	24.45			
68	篮球	24.09			
45	跑步	18.03			
51	跑步	20.69			
48	慢走	20.50			
67	游泳	25.85			
59	跑步	20.18			

合并计算
函数(F):
平均值
引用位置(R):
Sheet1!$G$2:$H$24
浏览(B)...
所有引用位置(E):
添加(A)
删除(D)
标签位置
首行(T)
最左列(L)
确定
关闭

图 4-2-22　合并计算汇总数据

与分类汇总不同的是，合并计算不需要先进行排序，但选择数据区域的第一列必须是数据标志列，如这里的“主要运动方式”列。

如果合并计算多个区域的数据，可在“合并计算”对话框中单击“浏览”按钮选择新的“数据引用位置”。删除“所有引用位置”中的数据将清除合并计算源。

将汇总数据移动到新建的工作表“不同运动方式的体质指数平均值”，补充标题，设置表格格式，并保存文件，如图 4-2-23 所示。

	A	B
1	不同运动方式的体质指数平均值	
2	运动方式	体质指数（BMI）
3	跑步	22.63
4	游泳	24.13
5	足球	22.66
6	篮球	23.62
7	慢走	20.50

图 4-2-23　合并计算结果

处理居民身份证号码

（1）输入身份证号码

利用数据处理软件批量输入身份证号码时，可先将要输入身份证号码的列数字格式设置为文本格式，这样就不会出现输入身份证号码时后 3 位变为 0 的情况，如图 4-2-24 所示。

部分数据处理软件可智能化处理身份证号码，如 WPS 表格，输入的身份证号码会默认设置为文本格式，如图 4-2-25 所示。

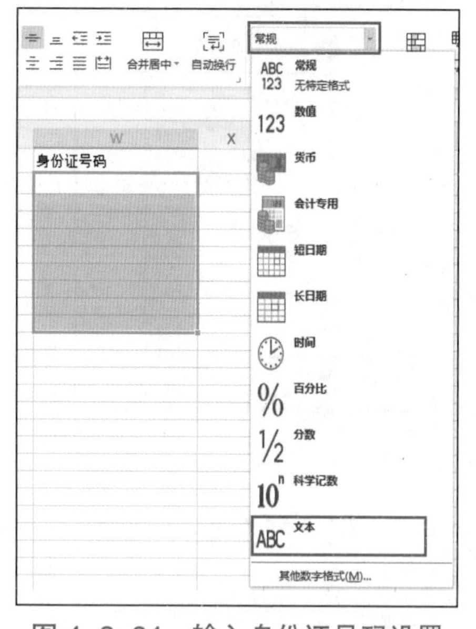

图 4-2-24　输入身份证号码设置

图 4-2-25　WPS 表格输入身份证号码

（2）身份证号码信息获取

身份证号码中包含了居民的户籍所在省、市、区（县）及出生日期、性别，WPS 表格增加了提取身份证号码信息的功能，提取步骤和结果分别如图 4-2-26 和图 4-2-27 所示。

图 4-2-26　WPS 表格提取身份证信息步骤

D2　fx　=IF(OR(LEN(B2)=15,LEN(B2)=18),IF(MOD(MID(B2,15,3)*1,2),"男","女"),#N/A)

	A	B	C	D	E	F	G	H
1	姓名	身份证号码	出生日期	性别				
2	张飞	100101200501011234	2005/1/1	男				
3	李明	2*****198007013054	1980/7/1	男				
4	刘一飞	2*****201407256481	2014/7/25	女				
5	陈真	8*****200212038535	2002/12/3	男				
6	潘谈	9*****199106148936	1991/6/14	男				

图 4-2-27　WPS 表格提取身份证号码信息结果

请根据自己的学习情况完成表 4-2-5，并按掌握程度填涂☆。

表 4-2-5　自我评价表

知识与技能点	我的理解（填写关键词）	掌握程度
数据运算符的类型		☆☆☆
公式的组成内容		☆☆☆
数据单元格引用分类		☆☆☆
5 种常用函数名		☆☆☆
数据排序的依据		☆☆☆

续表

知识与技能点	我的理解（填写关键词）	掌握程度
筛选条件的设置方式		☆☆☆
分类汇总操作流程		☆☆☆
合并计算一个区域的数据		☆☆☆
收获与心得		

举一反三

1. 将任务 1 中收集的家人和同学的身高、体重、饮食习惯和运动数据进行计算，如平均身高、平均体重、最多运动步数、最低体质指数、参与调查人数等信息。

2. 打开资源包中的“社区居民 2 月健康运动情况”工作簿中各数据表。利用公式计算社区居民运动指数，利用函数计算社区居民运动统计数据。在计算数据时注意数据变化。数据加工要求见素材文件说明。

3. 打开资源包中的“社区居民身体健康情况”工作簿中各数据表，计算社区居民健康指标及与国际标准指标之间的差距。数据加工要求见素材文件说明。

4. 打开资源包中的“社区居民 2020 年健康运动情况”工作簿中各数据表。对相关数据进行排序和筛选，再对已排序数据进行分类汇总和合并计算。数据加工要求见素材文件说明。

任务 3　分析数据

任务描述

小小通过数据采集与加工处理，掌握了基础数据，提交数据给社区领导时，社区领导希望小小分析数据并形成数据报表提交成果。数据分析是利用原始数据，根据一定规则和要求将数据统计、汇总形成报表或图表。在数据处理软件中，生成数据透视表和数据透视图是经常使用的。把数据制作成图表，展示在数据看板中，图表会随着数据变化而变化。

感知体验

查看账单

小小登录个人支付宝，打开“账单”，查看自己 2020 年的账单统计，如图 4-3-1 所示；登录个人的手机移动营业厅，查看个人的通话和流量使用量分析表，如图 4-3-2 所示。通过以上账单的查询，或许可以感知数据图表可视化的优点。

图 4-3-1　支付宝个人年度账单统计

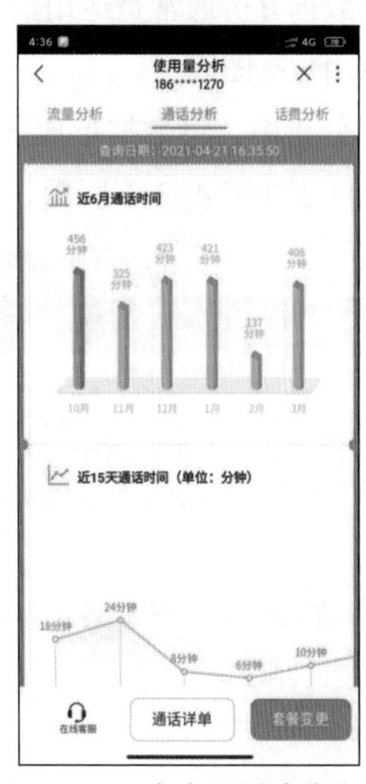

图 4-3-2　个人通话统计分析

知识学习

1. 认识数据分析

数据分析是指将大量杂乱无章的数据中的信息进行集中、提炼和汇总，并根据需求进行归类，以找到数据内在规律，从而形成数据分析图或表，帮助人们做出判断或采取适当行动，最大化地开发数据，发挥数据的作用。

讨论活动

如图 4-3-3 所示的三种形式，哪种信息呈现形式最吸引你，并讨论比较一下。

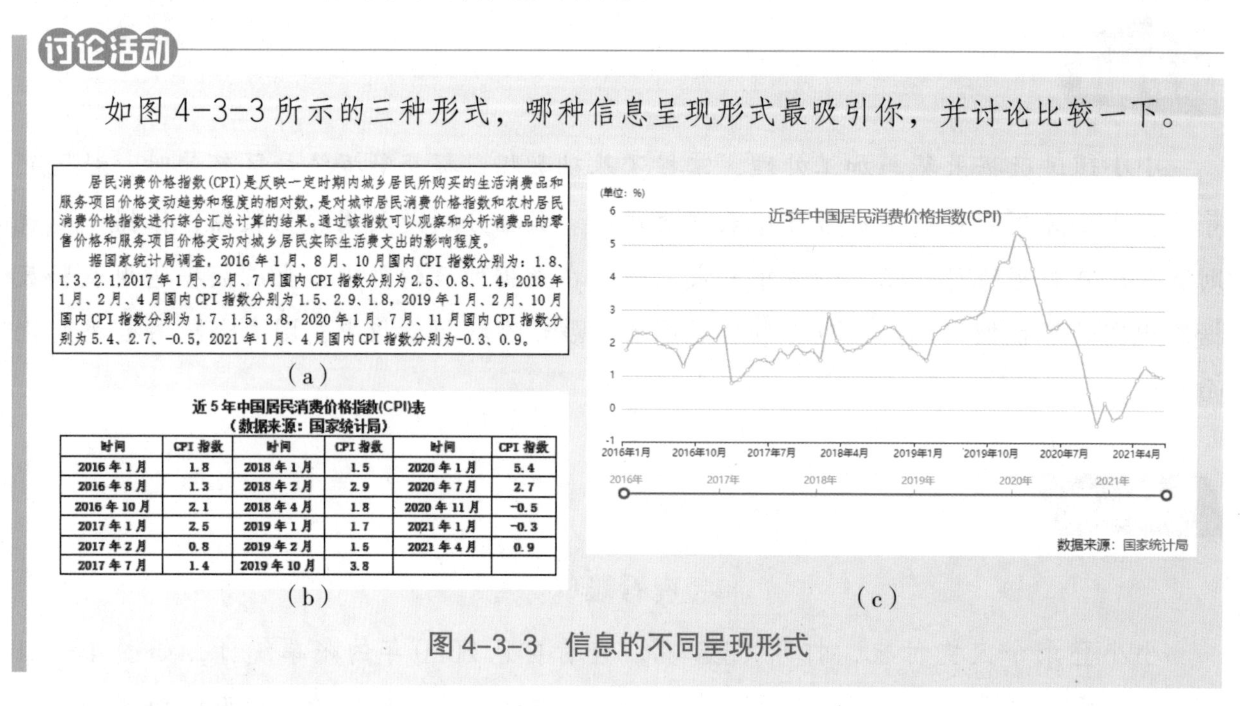

居民消费价格指数(CPI)是反映一定时期内城乡居民所购买的生活消费品和服务项目价格变动趋势和程度的相对数，是对城市居民消费价格指数和农村居民消费价格指数进行综合汇总计算的结果。通过该指数可以观察和分析消费品的零售价格和服务项目价格变动对城乡居民实际生活费支出的影响程度。

据国家统计局调查，2016 年 1 月、8 月、10 月国内 CPI 指数分别为：1.8、1.3、2.1,2017 年 1 月、2 月、7 月国内 CPI 指数分别为 2.5、0.8、1.4，2018 年 1 月、2 月、4 月国内 CPI 指数分别为 1.5、2.9、1.8，2019 年 1 月、2 月、10 月国内 CPI 指数分别为 1.7、1.5、3.8，2020 年 1 月、7 月、11 月国内 CPI 指数分别为 5.4、2.7、-0.5，2021 年 1 月、4 月国内 CPI 指数分别为-0.3、0.9。

（a）

近 5 年中国居民消费价格指数(CPI)表
（数据来源：国家统计局）

时间	CPI 指数	时间	CPI 指数	时间	CPI 指数
2016 年 1 月	1.8	2018 年 1 月	1.5	2020 年 1 月	5.4
2016 年 8 月	1.3	2018 年 2 月	2.9	2020 年 7 月	2.7
2016 年 10 月	2.1	2018 年 4 月	1.8	2020 年 11 月	-0.5
2017 年 1 月	2.5	2019 年 1 月	1.7	2021 年 1 月	-0.3
2017 年 2 月	0.8	2019 年 2 月	1.5	2021 年 4 月	0.9
2017 年 7 月	1.4	2019 年 10 月	3.8		

（b）

（c）

图 4-3-3　信息的不同呈现形式

2. 可视化数据分析

可视化数据分析通常是运用数据图表、数据透视表和数据透视图实现数据可视化。

（1）运用数据图表

在数据分析中，将数据形成图表，可让数据更生动直观。在电子表格中，图表种类很多，常见图表如表 4-3-1 所示。

表 4-3-1　常见图表及其应用

序号	图表类型	适用场景	案例
1	柱状图	适用场合是二维数据集，需可视化其中一个维度，用于显示一段时间内的数据变化或显示各项之间的比较情况	
2	条形图	显示各个项目之间的比较情况	

续表

序号	图表类型	适用场景	案例
3	折线图	适合二维的大数据集，还适合多个二维数据集的比较	
4	饼图/环图	显示各项的大小与各项总和的比例	
5	雷达图	用于多维数据（四维以上），且每个维度必须可以排序	
6	漏斗图	适用于业务流程较多的流程分析，显示各流程的转化率	
7	散点图	显示若干数据系列中各数值之间的关系，类似坐标轴，判断两变量之间是否存在某种关联	
8	面积图	强调数量随时间而变化的程度，引起人们对总值趋势的注意	
9	指标卡	显示某个数据结果，比如同（环）比上升或下降情况	昨日PV 21,825 环比 -21.73%
10	计量图	显示项目的完成进度，直观展示项目的进度情况，类似于进度条	
11	瀑布图	采用绝对值与相对值结合的方式，表达数个特定数值之间的数量变化关系，最终展示一个累计值	
12	词云（标签云）	显示词频，可以用来做一些用户画像、用户标签的工作	

（2）运用数据透视表与数据透视图

数据透视表是快速处理、汇总大量数据的交互式查询方法。它对数值数据按分类和子分类进行分类汇总，并以多种友好方式查询、呈现数据。数据透视图常有一个相关的数据透视表。

方式 1：生成数据透视表。数据透视表是一种动态改变数据分析版面的交互式表格。可以按照不同方式分析数据动态地改变其版面布置，如重新安排行标志（行字段）、列标志（列字段）和分页字段。每一次动态改变数据源、版面布局时，数据透视表会立即重新计算数据、调整布局并呈现数据，如图 4–3–4 所示。

C	D	E	F	G	H	I	J	K
幸福小区居民2月健康运动情况								
性别	年龄	身高	体重	主要运动方式	体质指数（BMI）	运动登记日期	2月运动消费	运动协会补贴
男	46	183	74	跑步	22.10	2020/1/31	￥209.00	10.45
男	47	184	73	游泳	21.56	2020/12/26	￥510.00	25.5
男	22	177	71	足球	22.66	2019/4/15	￥382.00	19.1
男	56	174	69	跑步	22.79	2018/11/7	￥201.00	10.05
男	39	172	72	游泳	24.34	2020/2/23	￥255.00	12.75
男	24	163	67	跑步	25.22	2019/1/24	￥255.00	12.75
男	49	166	66	游泳	23.95	2018/10/22	￥467.00	23.35

性别	平均值项:身高
男	172.44
女	161.33
总计	169.41

图 4–3–4　数据透视表

方式 2：生成数据透视图。数据透视图是对数据透视表中的汇总数据可视化处理的一种形式，可直观、动态地展现数据的变化规律和趋势，如图 4–3–5 所示。

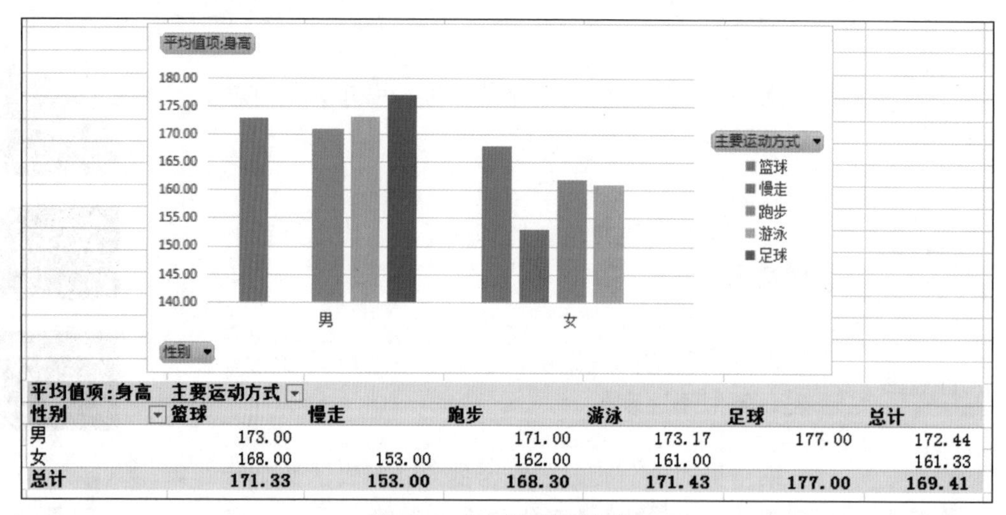

平均值项:身高	主要运动方式					
性别	篮球	慢走	跑步	游泳	足球	总计
男	173.00		171.00	173.17	177.00	172.44
女	168.00	153.00	162.00	161.00		161.33
总计	171.33	153.00	168.30	171.43	177.00	169.41

图 4–3–5　数据透视图

实践操作

社区工作人员希望小小提供的数据最好是直观易看的可视化图表，以方便领导阅读和决策。因此小小要将“幸福小区居民 2 月健康运动情况”数据表转化为图表，这样才能完成任务。小小和同学一起分析了要完成的工作内容和方法，具体如下：

①制作以“姓名”为横坐标、“2 月运动消费”为纵坐标的柱形图，数据源是数据表“姓名”和“2 月运动消费”两列数据。

②制作数据透视表，选择“性别”为行字段，选择“身高”列为数据源，选择函数为平均值。

③制作数据透视图，以“运动方式”为行标志（行字段），选择日期“2 月 1 日”～“2 月 10 日”列数据为数据的列标志（列字段），选择函数为求和。

1. 制作数据图表

打开“幸福小区居民 2 月健康运动情况”工作簿中的“消费情况”工作表。选中“姓名”和“2 月运动消费”两列数据区域，选择“插入”选项卡，执行“全部图表”→“全部图表”命令，如图 4-3-6 所示。选择柱形图中簇状柱形图，然后单击“插入图表”按钮即可，如图 4-3-7 所示。

图 4-3-6　准备插入图表

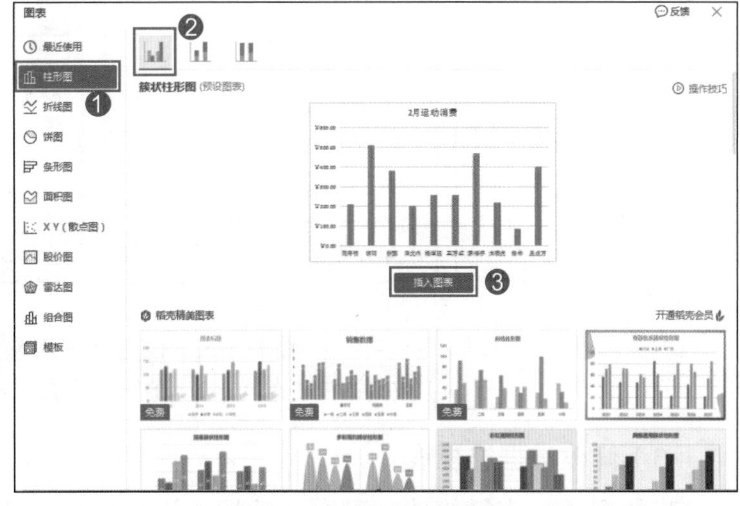

图 4-3-7　选择图表类型

根据自己喜好设置标题、颜色等，以达到美化图表的目的。

2. 制作数据透视表

要制作数据透视表，需先确定统计的数据源，设置数据透视表布局如图 4-3-8 所示。

（1）确定数据源

选择“幸福小区居民 2 月健康运动情况”工作簿中的“消费情况”工作表所有数据为数据源。

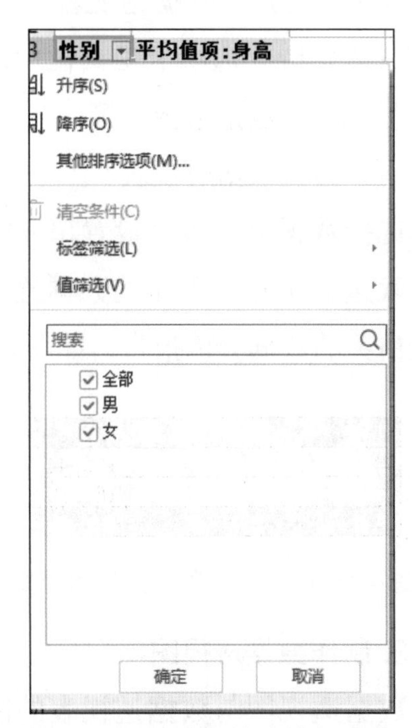

图 4-3-8　选择统计的行字段

制作数据透视表需要已整理加工好的数据源。数据源可以是电子表格中的数据，也可以是外部数据，如数据库中的表、文本文件等电子表格工作表以外的数据。

（2）设置数据透视表布局

选中数据源后，执行“数据”→“数据透视表”命令，生成数据透视表。然后拖动“数据透视表”窗格“字段列表”中的相关字段到“数据透视表区域”的“筛选器”“行”“列”和“值”区域，再设置数据值的计算方式，如图 4–3–9 所示。

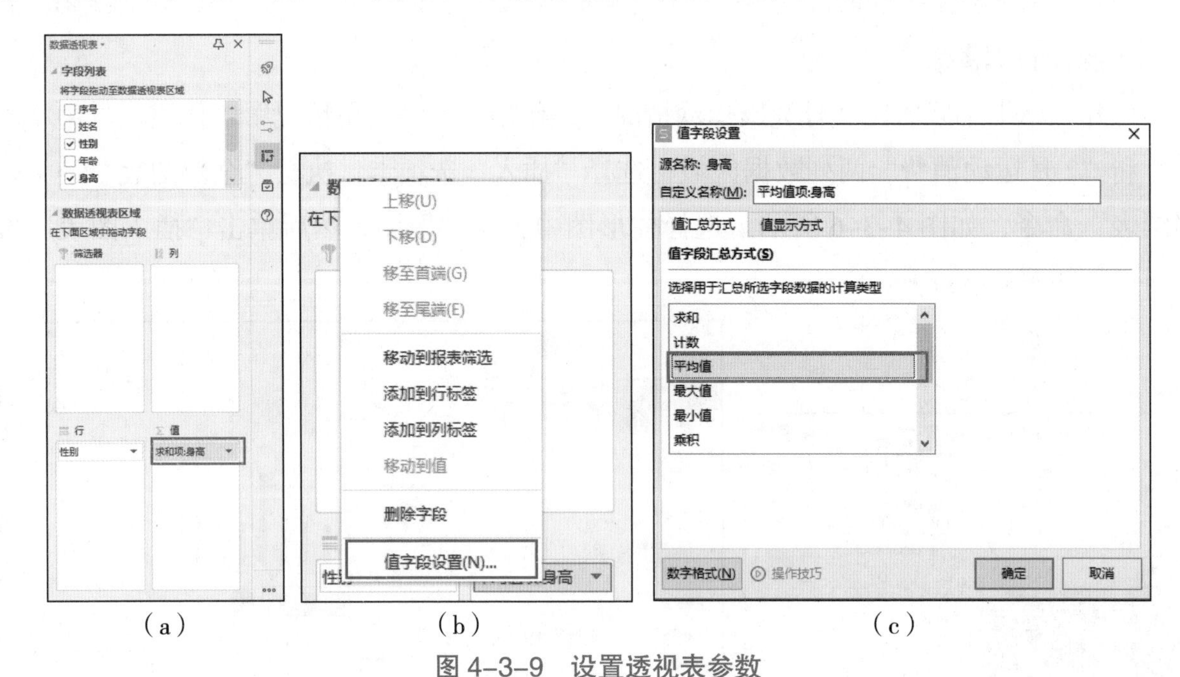

图 4–3–9　设置透视表参数

（a）数据透视表布局;（b）值字段设置;（c）选择计算函数

（3）修改数据透视表

若数据透视表需修改，可在“数据透视表”窗格中重新选择布局，也可通过“分析”选项卡工具栏修改数据透视表。

在“分析”选项卡工具栏中，可以修改数据透视表名称、设置数据计算方式、更新数据源、清除数据透视表等。

（4）美化数据透视表

选择数据透视表，设置单元格格式、行高或列宽、表格样式和单元格样式等对数据透视表进行美化。美化的数据透视表可复制，在其他办公软件中选择性粘贴为图片就可呈现精美的数据分析报告，如图 4–3–10 所示。

性别	平均值项:身高
男	172.44
女	161.33
总计	169.41

图 4–3–10　美化后的数据透视表

数据透视表中的结果必须与数据源关联或在同一个工作簿中，否则数据源删除后，不能得到数据透视表。

3. 制作数据透视图

数据透视图与数据透视表的制作方法类似，只是二者的呈现方式不同。数据透视图是将统计出的数据用图表方式呈现。用户也可根据需要选择行、列标志字段得到不同的数据透视图。

（1）选择数据

选择目标区域，在“插入”选项卡中，单击“数据透视图”按钮，如图 4–3–11 所示。数据区默认选中连续的全部数据。

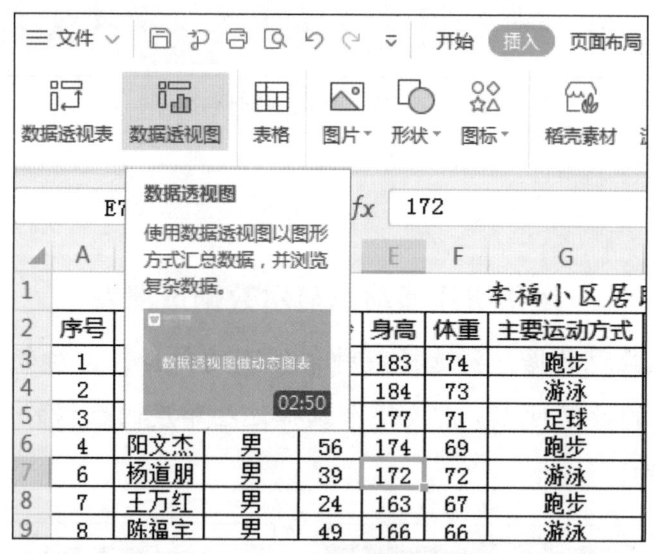

图 4–3–11　插入数据透视图

（2）设置数据透视图布局

设置数据透视图布局方法与设置数据透视表相同，如图 4–3–12 所示。

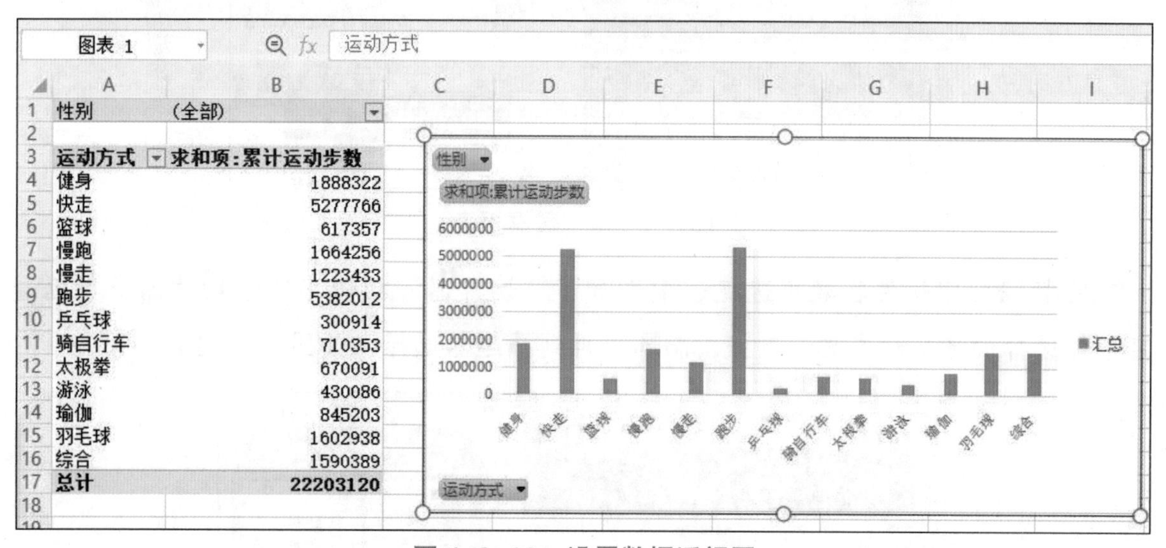

图 4–3–12　设置数据透视图

选择数据透视图，重新选择图表类型，设置标题、坐标轴、图例等格式，可美化图表，如图 4–3–13 所示。

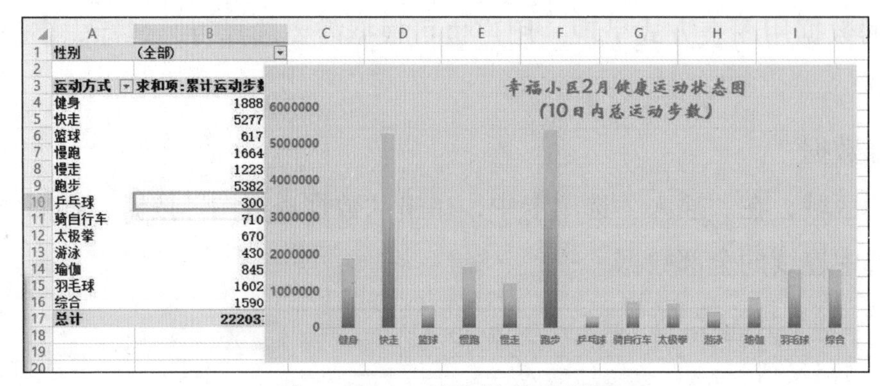

图 4-3-13　美化数据透视图

拓展延伸

运用切片器动态显示数据透视表

通过数据透视表呈现数据，要选择某种条件下的数据，需对数据表中的数据进行筛选。如果做多个维度的数据对比，需要逐个选择这些维度的数据的“筛选器”，操作不方便，如图 4-3-14 所示。

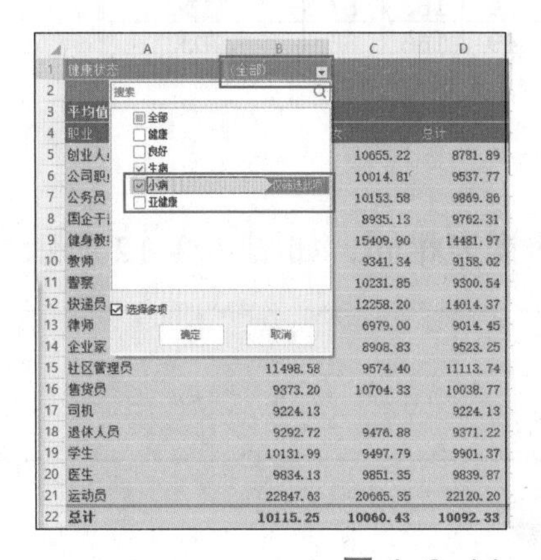

图 4-3-14　数据报表

某些数据处理软件在数据透视表中增加了“切片器”功能，通过切片器，数据透视表可根据选择的标签动态显示数据，而不用再到筛选器选择，如图 4-3-15 所示。

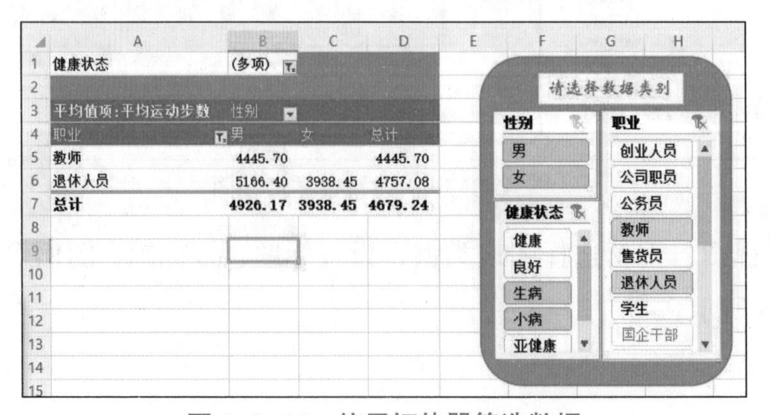

图 4-3-15　使用切片器筛选数据

在“分析”选项卡中选择“插入切片器”工具，选择切片器字段，调整切片器位置与格式，在切片器中选择需要的筛选条件，数据透视表会根据切片器选择自动变化汇总数据，如图 4–3–16 和图 4–3–17 所示。

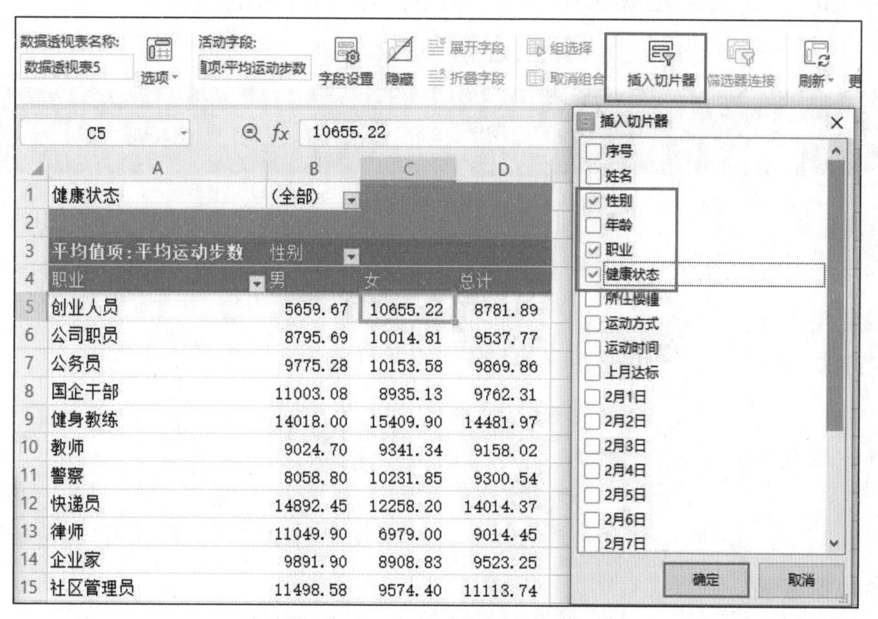

图 4–3–16 插入切片器

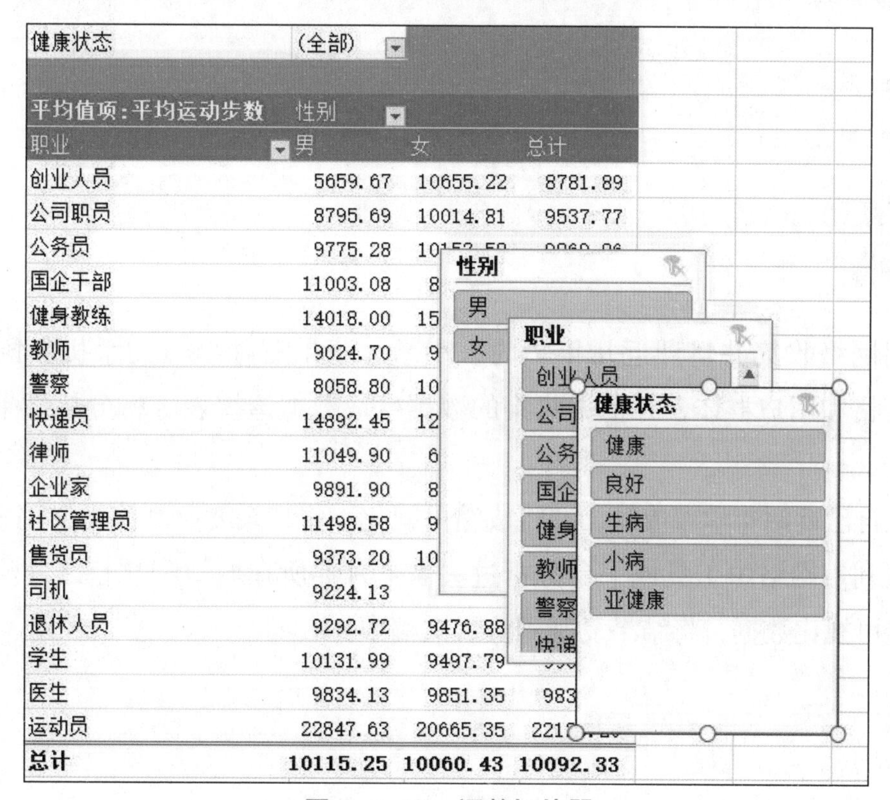

图 4–3–17 调整切片器

自我评价

请根据自己的学习情况完成表 4–3–2，并按掌握程度填涂☆。

表 4–3–2　自我评价表

知识与技能点	我的理解（填写关键词）	掌握程度
数据分析首要任务		☆☆☆
数据透视表使用本工作簿中数据的方法		☆☆☆
在 WPS 表格中插入数据图表方法		☆☆☆
修改数据源数据图表的变化情况		☆☆☆
数据可视化的方式		☆☆☆
收获与心得		

举一反三

1. 利用网络收集并整理近几年华为、小米、苹果三种型号的手机在国内的销售量、平均价格和用户群体，并根据收集的数据生成数据透视表，将分析结果复制到演示文稿中。

2. 回顾自己近两年学习成绩，并将成绩可视化，将结果复制到演示文稿中。

3. 尝试利用网络中工具或平台分析过去 1 个月你所在城市和北京之间气温变化情况，并形成可视化数据，将结果复制到演示文稿中。

任务 4 初识大数据

任务描述

小小经常听到“大数据”“云计算”“人工智能”这些时尚术语，但她不是特别了解大数据及其应用。通过网络查询，了解到大数据的处理分析正成为新一代融合应用的结点，大数据已经渗透进我们的生活、学习和工作中，如大数据技术能实现交通优化，能通过收集家庭能耗数据给人们切实可用的节能提醒。

感知体验

小小想和同学一起去看电影，但不清楚最近哪些电影票房高，小小利用百度查询，访问了观影大数据网站，如图 4-4-1 所示。在网站上可以看到最近全国播放电影的大数据信息，是不是很奇妙。

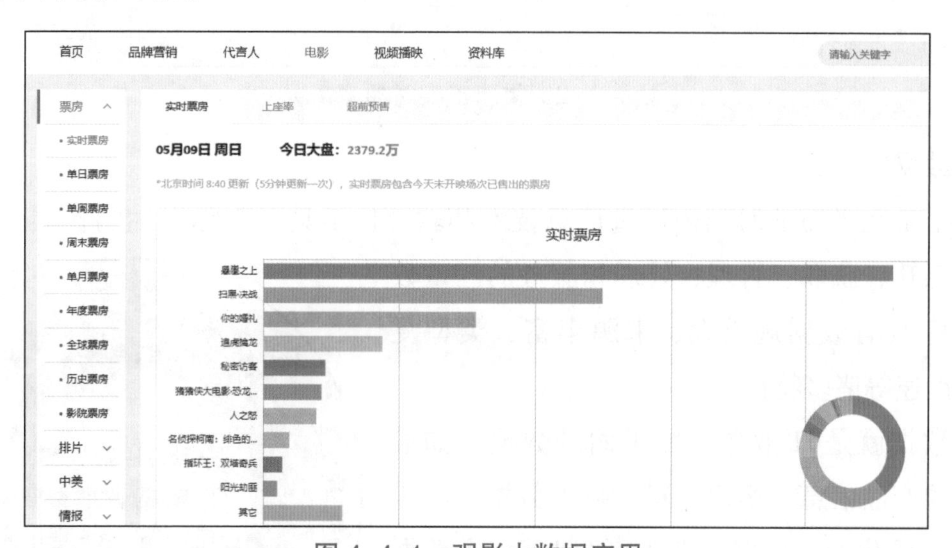

图 4-4-1 观影大数据应用

知识学习

1. 认识大数据

新一代信息技术的发展，给信息时代带来无处不在的技术应用，海量数据不断产生，蕴含着巨大的社会、经济、科研价值。

大数据（Big Data）又称巨量资料，指的是无法在一定时间范围内通过人脑甚至主流软件工具进行捕捉、管理和处理的数据集合，它需要在信息技术支撑下，利用全新的数据分析处理方法，在海量、复杂、散乱的数据集合中提取有价值信息的技术处理过程，其核心就是对数据进行智能化的信息挖掘，并发挥其作用。

实践活动

地图导航已成为交通重要应用之一，基于对海量数据的合理分析，提供实时路况及路况预测等服务，应用于各大城市。同学们在计算机浏览器中打开百度地图智慧交通网站，查看所在城市的拥堵情况，以及基于大数据预测的未来拥堵情况。图 4-4-2 所示为重庆市实时拥堵情况。

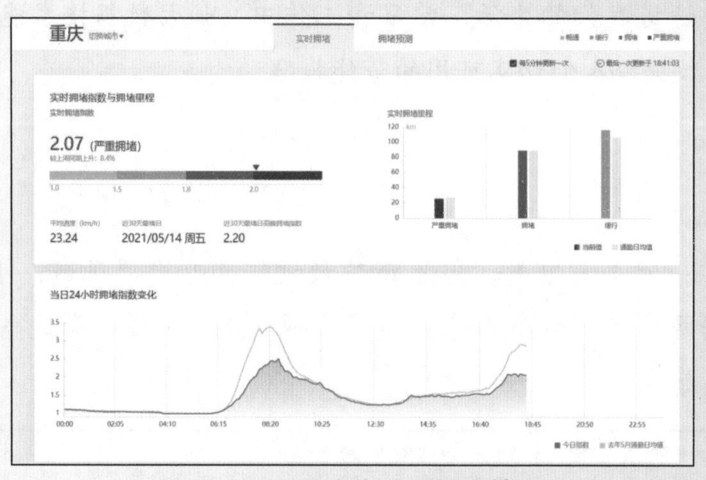

图 4-4-2　重庆市实时拥堵情况

2. 大数据的特征

大数据是在极短的时间内通过信息技术和软硬件工具对实际发生的各类事件产生的信息进行感知、获取、管理、处理和服务的巨量数据集合。它具有数据规模大、来源丰富、类型复杂、变化迅速等诸多特征。

传统数据就是 IT 业务系统里面的数据，如输入或导入的产品信息、客户资料、财务数据等。传统数据是结构化的，数据量在 TB 级以下。大数据包括结构化的传统数据以及来源于社区网络、互联网、物联网等渠道的文本、图片、音频、视频等非结构化的数据，如图 4-4-3 所示。

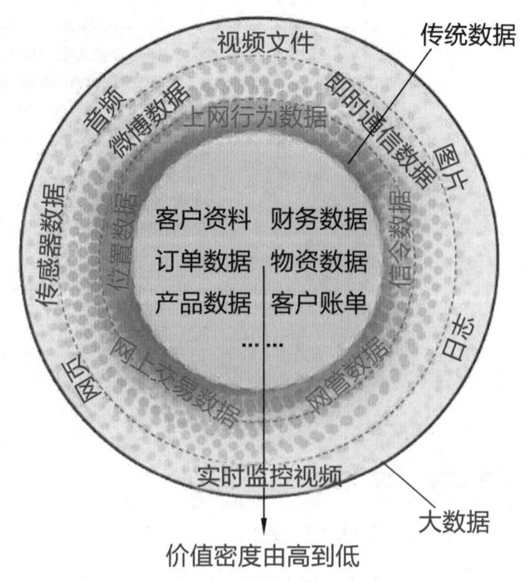

图 4-4-3　大数据与传统数据区别

根据大数据产生、采集、处理和应用的特点，总结其具有以下特征，简称“4V”：

①大量（Volume）：数据体量巨大，达到 PB 级别；

②多样（Variety）：数据类型繁多，有网络日志、视频、图片、地理位置信息、环境信息、生物体征信息等；

③高速（Velocity）：处理速度快，可从各种类型数据中快速获取高价值信息，与传统的数据挖掘技术有本质区别；

④价值（Value）：只要合理利用数据并对其进行正确、准确的分析，就会带来高价值回报。

大数据的“4V”特征如图 4–4–4 所示。

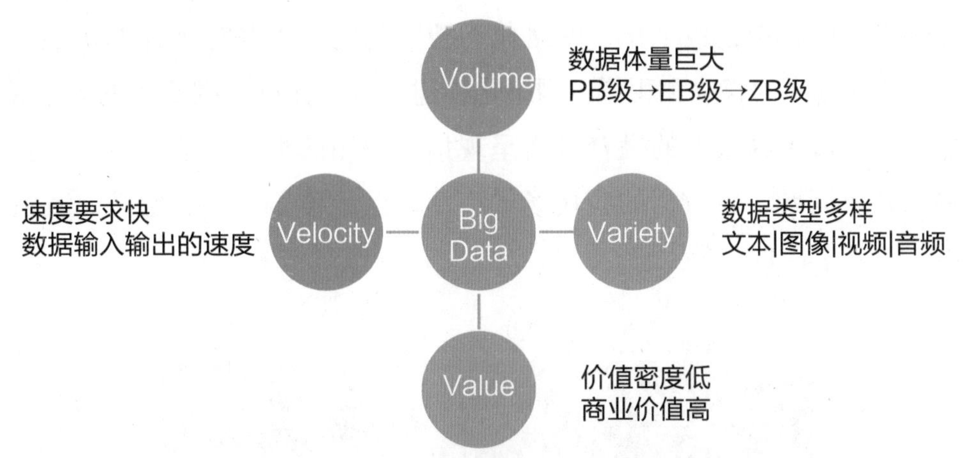

图 4–4–4　大数据的“4V”特征

3. 大数据的采集与分析方法

大数据的处理流程主要可以概括为四步：采集、预处理、统计和分析、挖掘与呈现。

（1）采集

大数据的采集是指利用多个数据库来接收发自客户端的数据，并且用户可以通过这些数据库进行简单的查询和处理工作。例如，电商会使用传统的关系型数据库 MySQL 和 Oracle 等存储每一笔事务数据。在大数据的采集过程中，其主要特点和挑战是并发数高，因为同时有可能会有成千上万的用户来进行访问和操作，如火车票售票网站和淘宝网站，它们并发的访问量在峰值时可达到百万级，所以需要在采集端部署大量数据库才能支撑。如何在这些数据库之间进行负载均衡和分片需要深入思考和设计。

（2）预处理

虽然采集端本身会有很多数据库，但是如果要对这些海量数据进行有效的分析，还是应该将这些来自前端的数据导入到一个集中的大型分布式数据库或者分布式存储集群，并且在导入基础上做一些简单的预处理工作。

（3）统计和分析

大数据的统计和分析主要是利用分布式数据库或者分布式计算集群来对存储于其内的海量数据进行普通的分析和分类汇总等，以满足大多数常见的分析需求。大数据分析的主要特点和挑战是分析涉及的数据量大，其对系统资源占用大。

（4）挖掘与呈现

数据挖掘主要是在现有数据上面进行基于各种算法的计算，从而起到预测的效果，实现一些高级别数据分析的需求。集群、分割、孤立点分析还有其他的算法让我们深入数据内部，挖掘价值。这些算法不仅要处理大数据的量，也要处理大数据的速度。数据呈现也称为数据可视化。不管是对数据分析专家还是普通用户，数据可视化是数据分析工具最基本的要求。可视化可以直观地展示数据，帮助人们有效理解数据，从而真正利用好大数据。

4. 大数据的应用

在信息化发展历程中，数字化、网络化和智能化是三条并行不悖的主线。数字化奠定基础，实现数据资源的获取和积累；网络化构建平台，促进数据资源的流通和汇聚；智能化展现能力，通过多源数据的融合分析呈现信息应用的类人智能，帮助人类更好地认知复杂事物和解决问题。大数据的应用场景广泛，已经覆盖社会、经济、政治等各个领域，如图 4-4-5 ~ 图 4-4-7 所示。

图 4-4-5　社区民警用大数据进行社区治理

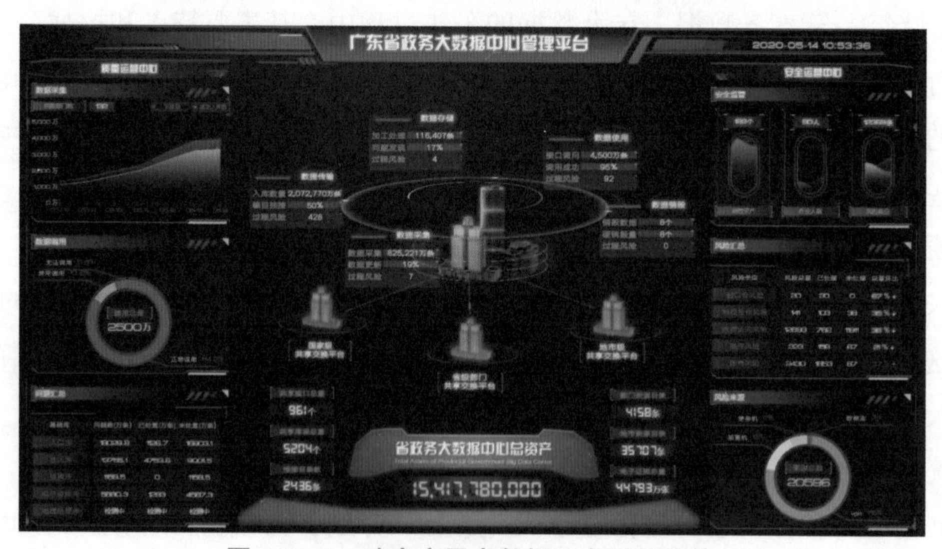

图 4-4-6　政府应用大数据平台进行决策

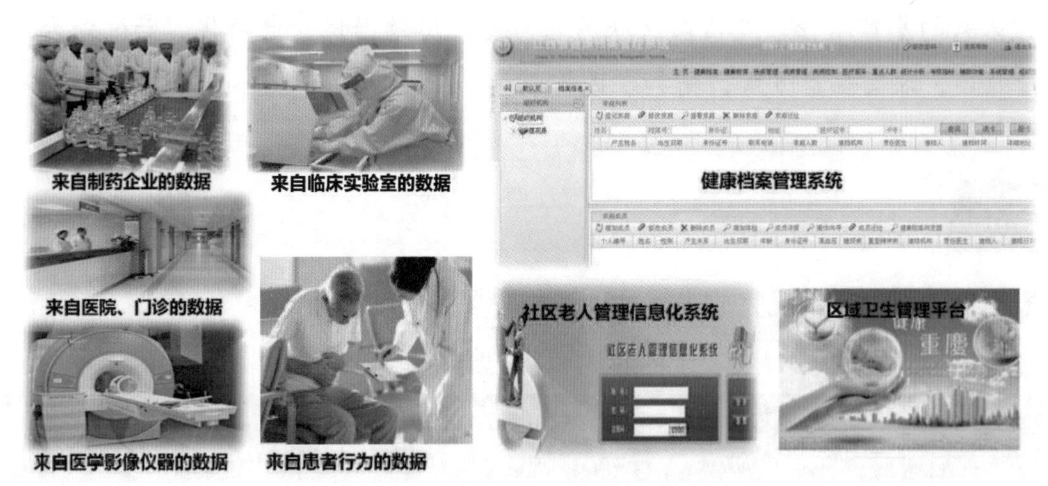

图 4-4-7　大数据在医疗行业中的应用

讨论活动

通过网络搜索，浏览去年的春节小长假人口流动指数大数据，并讨论人口流动的特征。

拓展延伸

大数据为乡村振兴注入“新动力”

随着我国农村农业信息化尤其是农村电商的深入发展，农村农业成为大数据资源生产和应用的主战场，大数据应用成为乡村振兴的重要突破口。

利用大数据技术对农业产业链全链条分析，实现农产品价格预测预警，从而解决部分农产品盲目生产或供应波动问题。大数据还在农产品加工与流通领域以及农产品上行和农资产品下行等方面发挥重要作用，其中农产品质量追溯和农村电商包括农村物流就是典型应用场景，尤其是农村电商破解了我国农业生产经营中个体分散性与大市场对接性的矛盾。

贵州作为全国首个大数据综合试验区，大数据基因已经深深地植入贵州的广袤土地，大数据与农业融合发展指数逐年提高，运用大数据信息化技术促进农业提速增效，促进黔货出山，巩固脱贫攻坚成果，成为深入实施乡村振兴战略的重大举措。图 4-4-8 所示为国家大数据（贵州）综合试验区展示中心内的贵州电商云展示区域。

图 4-4-8　国家大数据（贵州）综合试验区展示中心内的贵州电商云展示区域

细数成绩的背后，我们不难发现，大数据

助力乡村振兴的基本路径，是借助互联网的力量，用数据化、电商化、产融结合等模式，提高生产效率，改变生产方式，增加农民收益。

请根据自己的学习情况完成表 4-4-1，并按掌握程度填涂☆。

表 4-4-1 自我评价表

知识与技能点	我的理解（填写关键词）	掌握程度
大数据的特征		☆☆☆
大数据与传统数据的区别		☆☆☆
大数据在出行的作用		☆☆☆
收获与心得		

举一反三

1. 通过网络查阅中国信息通信研究院发布的《大数据白皮书（2020 年）》，了解所学专业领域在大数据应用中的描述。

2. 尝试用工具在网络中“爬取”自己感兴趣的专业数据，再观察收集的数据的特点。

专题总结

通过本专题的学习，了解了数据的采集、加工和分析过程；能根据数据处理需求，灵活利用数据处理软件的函数、运算表达式等进行必要的数据运算；对数据进行排序、筛选和分类汇总等加工处理；使用查询、数据透视、统计图表等可视化分析工具对数据进行分析，制作由数、图集成的简单数据图表；并了解了大数据的相关基础知识和大数据的采集与分析方法。

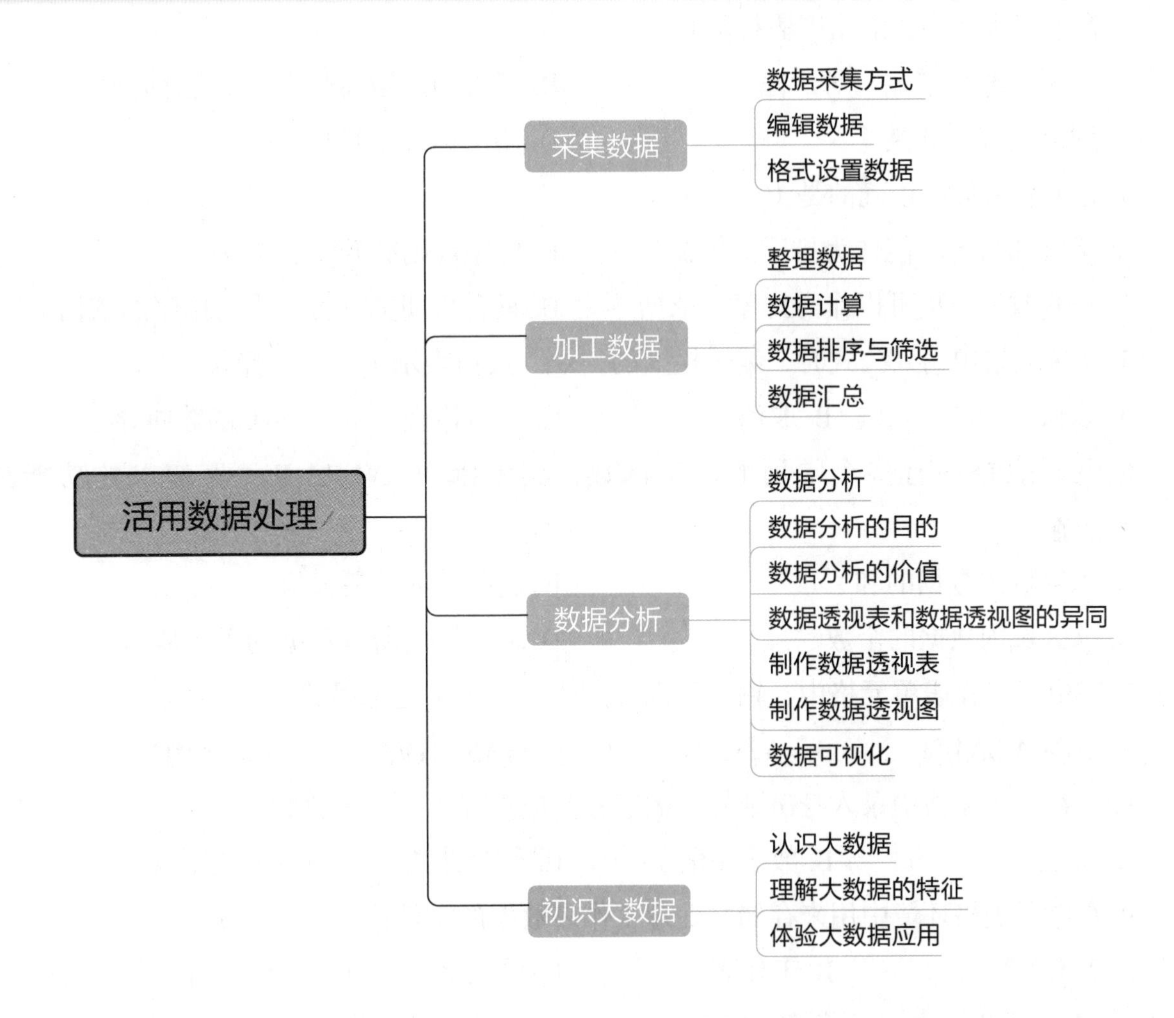

专题练习

一、单选题

1. 在电子表格工作表中进行智能填充时，鼠标的形状为（　　）。

A. 实心细十字　　B. 向右上方箭头　　C. 空心粗十字　　D. 向左上方箭头

2. 在电子表格中，如果对业绩表中负利润的业绩数据用醒目的方式表示（如用红色），当要处理大量的业绩时，利用（　　）命令最为方便。

A. 数据筛选　　B. 定位　　C. 查找　　D. 条件格式

3. 在电子表格中，双击图表标题将（　　）。

A. 调出“改变字体”对话框　　B. 调出“图表标题格式”的对话框

C. 调出图表工具栏　　D. 调出标准工具栏

4. 有关表格排序正确的是（　　）。

A. 笔画和拼音不能作为排序的依据　　B. 排序规则有升序和降序

C. 只有数字类型可以作为排序的依据　　D. 只有日期类型可以作为排序的依据

5. 在单元格中输入公式时，编辑栏上的“√”按钮表示（　　）操作。

A. 确认　　B. 取消　　C. 拼写检查　　D. 函数向导

6. 电子表格中有多个常用的简单函数，其中函数 AVERAGE（区域）的功能是（　　）。

A. 求区域内数据的和　　B. 返回函数的最大值

C. 求区域内数据的个数　　D. 求区域内所有数据的平均值

7. 在电子工作表单元格中，输入下列表达式（　　）是错误的。

A. SUM(A2:A4)/2　　B. =A2+A3+D4　　C. =(A5−B1)/3　　D. =A2*C1

8. 要在电子表格中录入身份证号，数字分类应选择（　　）格式。

A. 常规　　B. 数字（值）　　C. 科学计数　　D. 文本

9. 在电子表格环境中用来存储并处理工作表数据的文件称为（　　）。

A. 工作簿　　B. 工作表　　C. 单元格　　D. 工作区

10. 在电子表格中，运算符“&”表示（　　）。

A. 数值型数据的无符号相加　　B. 字符型数据的连接

C. 逻辑值的与运算　　D. 子字符串的比较运算

11. 关于选择性粘贴有如下四种说法，不正确的是（　　）。

A. 选择性粘贴可以实现粘贴无格式文本

B. 选择性粘贴可以实现粘贴 Html 格式

C. 选择性粘贴能够将工作簿文件中的数据动态地体现在文字处理软件中

D. 选择性粘贴与普通的粘贴效果一样

12. 形成大数据的方式不包括（　　）。

A. 物联网设备采集　　B. 互联网用户信息采集

C. 用户行为采集　　D. 键盘数据采集

13. 在电子表格中将下列概念按从大到小的次序排列，正确的次序是（　　）。

A. 工作表、工作簿、单元格　　B. 单元格、工作簿、工作表

C. 工作簿、工作表、单元格　　D. 工作表、单元格、工作簿

14. 在电子表格的 A1 单元格中输入 =COUNT（“C1”, 120, 6），其函数值等于（　　）。

A. 120　　B. 2　　C. 3　　D. 26

15. 在数据统计中，要进行分类汇总时，要先进行（　　）。

A. 数据筛选　　B. 数据排序　　C. 选择数据　　D. 数据格式设置

二、判断题

1. 在电子表格中，如果要在同一行或同一列的连续单元格使用相同的计算公式，可以先在第一单元格中输入公式，然后用鼠标拖动单元格的填充柄来实现公式复制。（　　）

2. 在电子表格中，只能清除单元格中的内容，不能清除单元格中的格式。（　　）

3. 在电子表格中，只能插入和删除行、列，但不能插入和删除单元格。（　　）

4. 在电子表格中，如果没有进行排序则不能进行分类汇总的操作。（　　）

5. 在电子表格中，用鼠标拖动改变行高时，要显示行高值必须按住 Ctrl 键。（　　）

三、实践操作题

1. 将以下数据录入到电子表格中，并为工作表命名为原始数据，保存在 D 盘“幸福小区居民健康信息”工作簿中。

幸福小区居民健康表

序号	姓名	户口所在地	电话	身份证号	身高	体重	备注
001	程爱国	蜀都区香山街道	026878888888	390101197012120011	178	68	户主
002	李小平	蜀都区香山街道	166000123456	390101199001012375	179	52	
003	赵家乐	蜀都区香山街道	146123456000	390101199101012330	183	76	
004	孙莉莉	蜀都区香山街道	186000000006	390101198001012460	174	60	
005	陈和平	蜀都区香山街道	122000123456	390101198401012350	177	57	
006	刘　丹	中央区白云街道	026874333434	390101198301012420	180	54	

续表

序号	姓名	户口所在地	电话	身份证号	身高	体重	备注
007	吕敬业	中央区白云街道	01088888888	390101197101012451	178	57	
008	黄　诚	蜀都区香山街道	02821212121	390101198601012317	170	65	
009	张雪梅	围国区孟德街道	13900010111	390101199301012472	164	46	
010	陈文明	吴江区江南街道	02580808080	390101197901012366	164	67	
011	周善行	吴江区江南街道	02580806560	390101197601012317	177	68	
012	王　信	吴江区江南街道	02580608083	390101199101012380	179	69	
013	肖　莉	吴江区江南街道	02580708280	390101199401012373	179	66	
014	曾友善	蜀都区香山街道	026874333434	390101197901012417	179	48	
015	陈乐业	蜀都区香山街道	026874333434	390101199001012396	162	52	

2. 在“姓名”列后插入 2 列，并在标题行中输入“性别”“出生日期”，并通过身份证号码提取性别和出生日期信息（身份证号码第 7~14 位为出生日期信息，第 17 位是奇数，则性别为男性，否则性别为女性）。

3. 将表格标题行合并居中，设置表格适合的行高和列宽，并根据自己的喜好设置边框和底纹，字体设置参照公文规范。

4. 将工作表复制到两个工作表，分别命名为“户口分类”和“身高排序”。

5. 在“户口分类”工作表按“户口所在地”字段升序排序，并在表格下方分别统计户口所在地在不同街道的人数、平均身高和平均体重。

6. 将“身高排序”工作表中按“身高”降序排序，如果“身高”相同再按“性别”升序排序，并将排序结果复制到新工作表“排序结果”中；再筛选“体重”为 60~65（均含）的信息。

7. 在“排序结果”工作表中插入数据透视图，以性别为行字段，统计平均身高和体重值并形成图表。

专题5 程序设计入门

当今社会的信息化发展已经进入一个以移动互联网、人工智能、云计算和大数据为主的全新阶段。在这些新兴技术的背后，程序设计起着至关重要的作用，它使计算机具备了各种“能力”和“智慧”。我们沉浸在程序设计编织出的梦幻般世界中的同时，也要初步了解一下它是怎样帮助我们处理生活中的问题的。

专题情景

当前我国的高铁事业取得了举世瞩目的成就，高速动车组是我国对外交流的一张亮丽名片。从2008年第一辆京津高铁，到现在遍地飞驰的“复兴号”，无不向世人证明着伟大中国的腾飞。小小的学校准备举办一次我国动车组列车的宣传活动。小小主动请缨收集动车组系列图片，但她发现在网上一张张手动下载图片的效率很低。在请教了老师后，她通过编写一段程序即可实现网上图片的批量自动下载。

学习目标

1. 了解程序设计的基础知识，理解运用程序设计解决问题的逻辑思维理念，了解常见主流程序设计语言的种类和特点。

2. 了解Python程序设计语言的基础知识，会使用Python的相关开发环境编辑、运行及调试简单的程序。

3. 初步掌握程序设计的方法，进行信息采集、批量和自动化处理。

4. 了解典型算法，尝试应用简单算法和功能库解决信息处理的具体问题。

任务 1 认识程序设计

我们在日常生活中的很多问题，都可以通过计算机来帮助我们快速解决。要让计算机帮助我们解决问题，就需要编写具有相应功能的计算机程序。要进行程序设计，首先就要了解计算机解决问题的过程，将解决问题的过程描述为算法，梳理清楚计算机解决问题的思路和步骤，为接下来的任务做好准备。

感知体验

自 2020 年春节开始，我国绝大多数高铁车站开始实施电子客票进站，进站的旅客只需要在 12306 官方网站或者手机 APP 上购买电子客票，入站时将身份证放到闸机（图 5-1-1）上进行身份识别和人脸对比，即可完成进站的验证。电子客票使旅客出行更加便捷，旅客可通过互联网购票、退票和改签，同时还能有效防范丢失车票、购买假票的风险。

图 5-1-1 高铁站进站验证闸机

请通过网络搜索高铁站进站验证闸机的工作原理，讨论并尝试梳理出进站闸机的验证工作流程。

知识学习

1. 计算机解决问题的过程

人类解决问题时，一般是先观察，收集关键信息并加以分析，再根据自己的知识和经验进行推理或判断，最终找到解决问题的方法和步骤。

以生活中的烧水泡茶问题为例：假如烧开水需要 10 分钟，洗开水壶需要 1 分钟，洗茶壶和茶杯需要 2 分钟，拿茶叶需要 1 分钟，泡茶需要 1 分钟，那么应该怎么安排流程呢？我们可以有很多种方法完成此事，具体方法如图 5-1-2 所示。

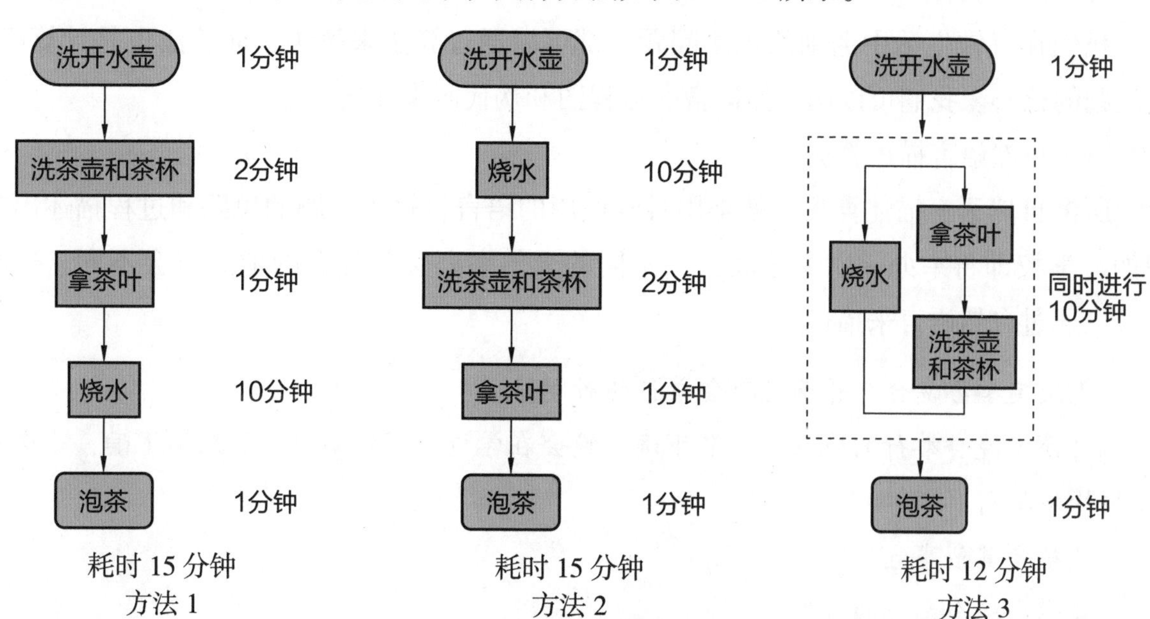

图 5-1-2　烧水泡茶方法流程

对比图 5-1-2 所示 3 种方法可以看出，同样是烧水泡茶的问题，我们会有多种解决的方法，不同方法的用时也可能会不同。由此可见，我们人类会创造性地解决问题，且思维存在抽象、模糊和跳跃等特点，同样的问题可以有若干种解决方式。

而要让计算机解决问题，大致需要经过以下几个步骤：首先需要我们去分析具体的问题，通过分析找出解决问题的思路和步骤，再将这些思路和步骤编制为计算机能够执行的指令，然后反复对这些指令进行运行和调试，直到问题被有效解决。其过程如图 5-1-3 所示。

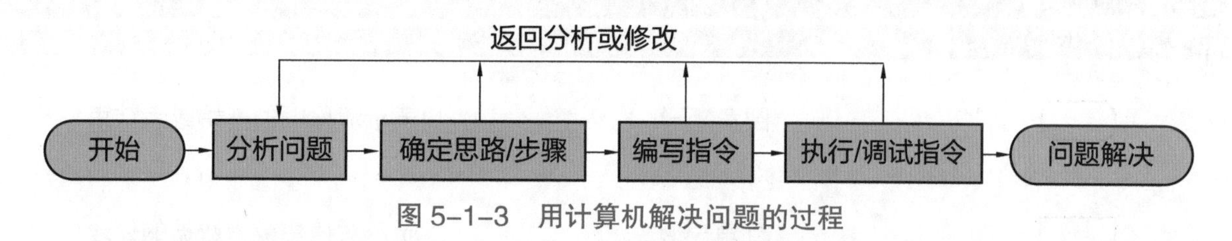

图 5-1-3　用计算机解决问题的过程

由此可见，计算机是不会自己解决问题的，但它可以帮助人们解决问题。而且计算机有着运算速度快的优势，只要明确了解决思路的对象和步骤，其解决问题的速度和人类相比有着非常大的优势。

2. 算法

前面提到，我们解决问题需要一定的思路和步骤，而这种思路和步骤概括起来就是算法。算法通常具备有穷性、确切性、可行性和具有输入项和输出项的特征。如我国古代劳动人民的智慧结晶——算盘（图 5-1-4），其在进行数据计算时

图 5-1-4　算盘

所用的操作口诀和方法就是典型的算法。

我们在日常生活中遇到的很多问题，都可以通过算法来解决，而算法也是计算机解决问题的核心。我们可以用自然语言、流程图和伪代码来描述算法。

（1）自然语言描述算法

所谓自然语言描述算法，就是用日常使用的语言将解决问题的思路和过程描述出来。例如，学校即将举办一次文艺晚会，不同的天气举办文艺晚会的地点就会不同。这时，就可以通过自然语言来描述。

①决定举办晚会，并确定晚会举行的时间。

②商定晚会举行的地点。如果下雨，晚会在学校体育馆举行；如果不下雨，晚会在学校操场举行。

③确定其他事宜。

④形成晚会举办的方案。

（2）流程图描述算法

实际生活中，为了更加有效地描述算法的步骤和思路，通常采用流程图表达算法。流程图也称算法图，是指以统一规定的符号来表示算法的思路和过程的图形。

流程图通常采用圆角矩形、直角矩形、菱形、平行四边形和箭头等特定图形进行绘制，如表 5-1-1 所示。

表 5-1-1　绘制流程图常用的各类图形

图形	名称	含义
▢	圆角矩形	表示流程图的开始或者结束
▭	直角矩形	表示对信息或者数据的处理
◇	菱形	表示对条件进行判断
▱	平行四边形	表示数据的输入或输出
← → ↑ ↓	箭头	表示流程执行的方向
……	……	……

如上述学校举办晚会方案的制定过程，就可以使用图 5–1–5 所示的流程图来表示。

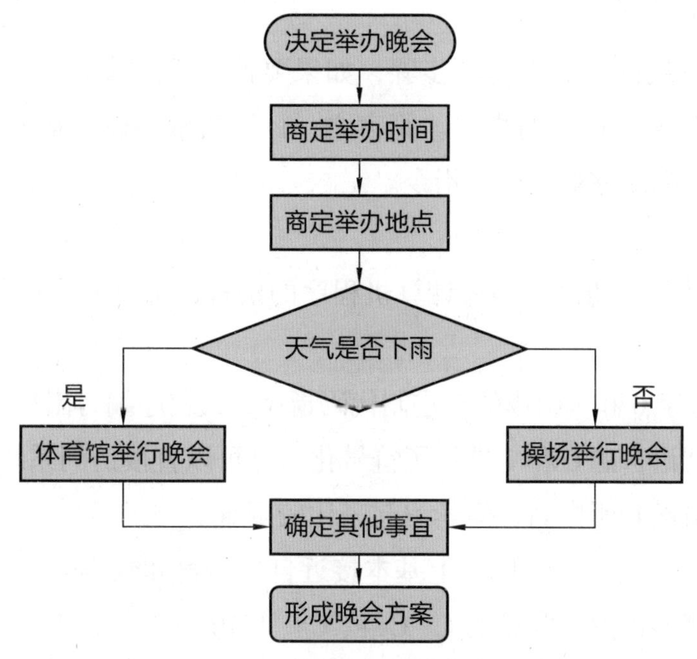

图 5–1–5　学校举办晚会的流程

探究活动

生活中的很多事务处理过程均可以使用流程图来表达。如常见的请假流程、文件审批流程等。请思考身边有哪些事务可以用流程图来表示，并任意选择 1 个事务画出流程图。

（3）伪代码描述算法

所谓伪代码，其实就是一种介于人类自然语言和计算机程序设计语言之间，用于描述算法的非标准化语言。

图 5–1–5 所示的流程图也可以用伪代码进行表示。

```
开始决定举办晚会
商定晚会举办时间
商定晚会举办地点
if 天气下雨:
    晚会在体育馆举行
else:
    晚会在操场举行
商定其他事宜
形成晚会举办方案
```

实践活动

请根据上一个探究活动绘制的流程图，用伪代码表示出来。

3. 计算机程序语言

（1）计算机程序

算法是计算机解决问题的思路和步骤，如果要计算机完成具体任务，就需要将算法编写为一组可以被计算机执行的指令。简言之，计算机程序就是操控计算机解决问题或完成具体事务的一系列能够被执行的指令。

（2）程序设计语言

程序设计语言就是一切用于编写计算机程序的语言，可以分为机器语言、汇编语言、高级语言三种类型。

机器语言是由数字 0 和 1 组成的二进制代码指令，其程序编写困难。

汇编语言将机器语言的 0 和 1 进行了符号化，且可以直接访问系统接口，相对机器语言来说其编写效率虽然有所提高，但学习起来比较困难。

高级语言直接面向用户，从形式上基本接近自然语言和数学公式，它有编写效率高、易修改和易维护等诸多优点。常见的 C、C++、C#、PHP、Java、Python 等都属于高级语言，这些高级语言都有着自身的优势和应用领域。

只有机器语言可被直接执行，高级语言和汇编语言程序都要转换为机器语言后交付运行。

探究活动

请利用网络查阅上述常见程序设计语言的应用领域，并进行交流分享。

实践操作

为了巩固所学知识，小小尝试将高铁站闸机的验证算法分别用自然语言、流程图和伪代码的方式进行描述。

1. 自然语言描述

首先梳理清楚闸机的工作步骤和判断过程，并将其用自然语言描述如下。

①闸机开始验证工作以后，旅客需要在闸机上刷身份证，系统读取个人信息。

②通过购票系统验证旅客是否购票。如果旅客已经购票，则启动人脸对比系统；否则提示旅客未购买车票，结束当前旅客的验证。

③启动人脸对比系统以后，将身份证信息中的人脸特征与现场采集的人脸特征进行对比验证。如果人脸验证通过则打开闸机，将旅客放行后再关闭闸机，并结束当前旅客的验证；如果人脸验证未通过，则提示验证失败，结束当前验证。

④结束当前旅客的验证以后，重新返回等待旅客刷身份证的状态，然后再开始下一位旅客的验证流程。

2. 流程图描述

为了便于我们理清验证的步骤和思路，可以将高铁站旅客进站验证的自然语言转换为流程图，如图 5-1-6 所示。

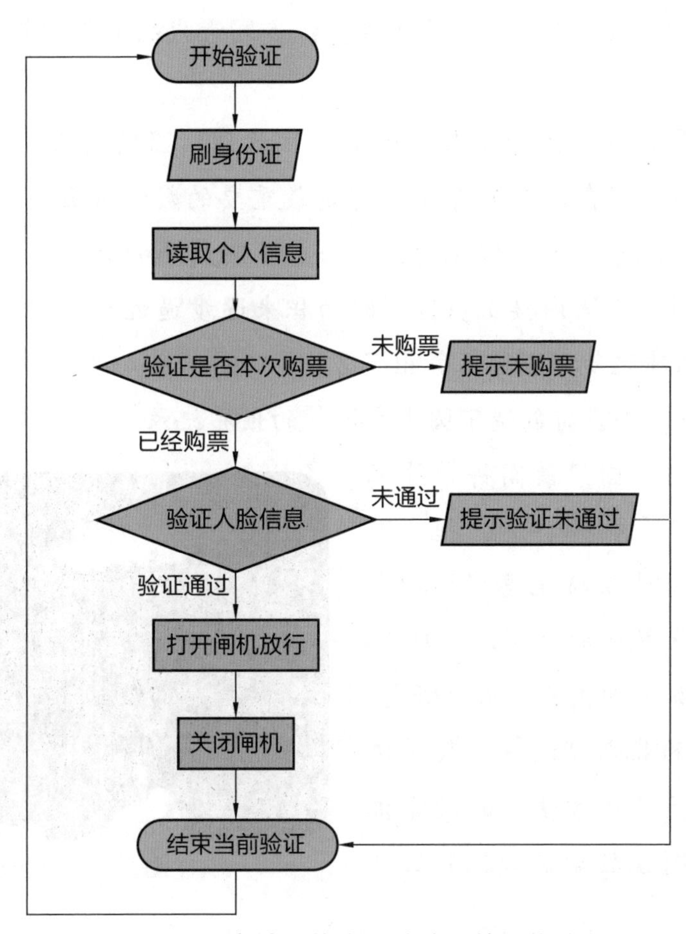

图 5-1-6 高铁站旅客进站验证的工作流程

3. 伪代码描述

为了更加贴近计算机程序设计语言，可以将旅客进站验证的算法流程图转换为伪代码如下：

```
开始验证
刷身份证并读取购票信息
if 已经购票:
        启动人脸对比
        if 人脸信息与购票人身份证信息相符 :
              打开闸机放行
        else:
              提示验证未通过，结束当前验证
else:
      提示未购买车票，结束当前验证
结束当前验证并返回，启动下一位旅客验证
```

拓展延伸

中国古代数学中的算法

“智贵算，制于法”。算法的历史源远流长，我国古代的《周髀算经》《九章算术》中就已出现。

圆是自然界中最常见的图形，人们很早就注意到，圆的周长与直径之比是个常数，这个常数就是圆周率，现在通常记为 π，它是最重要的数学常数之一。我国三国时期的数学家刘徽，在对《九章算术》作注时，就给出了圆周率的算法，并称其为割圆术。所不同的是，刘徽是通过用圆内接正多边形的面积来逐步逼近圆面积来计算圆周率的。其后，南北朝时期的祖冲之就用割圆术算出了 $3.141\,592\,6<\pi<3.141\,592\,7$，这个 π 值已经准确到小数点后 7 位，在当时创造了圆周率计算的世界纪录。

中国科学院院士、国家最高科学技术奖获得者吴文俊教授（图 5–1–7），把中国古代数学的思想概括为机械化思想，指出它是贯穿于中国古代数学的精髓。他从 20 世纪 70 年代中期开始定理机器证明的研究，并开创了现代数学的崭新领域——数学机械化。被国际上誉为“吴方法”的数学机械化方法，已使中国在数学机械化领域处于国际领先地位。

图 5–1–7 吴文俊教授

自我评价

请根据自己的学习情况完成表 5–1–2，并按掌握程度填涂☆。

表 5–1–2 自我评价表

知识与技能点	我的理解（填写关键词）	掌握程度
计算机解决问题的过程		☆☆☆
人类和计算机解决问题的区别		☆☆☆
算法的概念		☆☆☆

续表

知识与技能点	我的理解（填写关键词）	掌握程度
算法的特征		☆☆☆
流程图的组成图形		☆☆☆
描述算法的方式		☆☆☆
计算机程序的概念		☆☆☆
程序设计语言的概念		☆☆☆
常见的程序设计语言		☆☆☆
收获与心得		

举一反三

日常生活中，我们在中国铁路 12306 官方网站购买车票前，都要求进行实名登录。请尝试分析用户在 12306 官方网站登录的流程，并分别用自然语言、流程图和伪代码进行描述。

任务 2 初试程序设计

小小在了解了计算机解决问题的过程后，明白了算法的含义和如何对算法进行描述，并对计算机程序设计产生了浓厚的兴趣。小小在了解到 Python 语言的语法简洁、清晰，代码可读性强后，决定选择 Python 进行学习。

要学习 Python 程序设计，就需要了解 Python 和它的应用领域，并搭建开发环境，编写一个简单的程序进行调试，为接下来的程序设计做准备。拟定任务线路如图 5–2–1 所示。

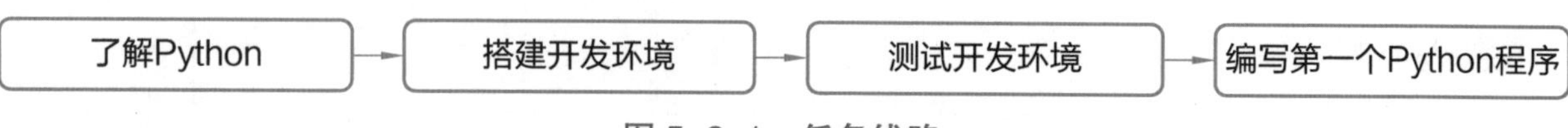

图 5–2–1　任务线路

感知体验

小小所在的学校双创中心最近引进了一个机器人，这个机器人可以完成简单的对话，老师就带她到门口的机器人（图 5–2–2）处录入相关的信息。录入信息开始以后，机器人开始工作。

机器人：您好，请问您叫什么名字？

小小：小小。

机器人：您好！小小，请问您是双创中心哪个小组的？

小小：程序设计。

机器人：欢迎小小同学加入学校双创中心的程序设计小组。

……

完成信息录入以后，小小就思考，自己可否设计一个类似这样的程序呢？

图 5–2–2　机器人

知识学习

1. Python 简介

Python 程序设计语言诞生于 20 世纪 90 年代初期，是一种面向对象的高级编程语言。其最大的特点在于语法简洁、代码可读性较强、开发速度快、编码方式符合人类的思维习惯，且具有跨平台、免费和开源的优势。Python 的图标如图 5–2–3 所示。

图 5–2–3　Python 的图标

Python 自诞生以来，主要发布了三个版本，目前市场上用得较多的是 Python 2.x 和 Python 3.x 版本。虽然 Python 2.x 和 Python 3.x 在语法上有差别，但思想互通，且有专门从 Python 2.x 代码向 Python 3.x 代码的转换工具“2to3.py”。

2. Python 的应用领域

Python 语言最初用于编写自动化脚本，现在已经被应用于 Web 开发、网络爬虫开发、游戏开发、科学计算、人工智能、大数据处理、云计算等领域，如图 5–2–4 所示。

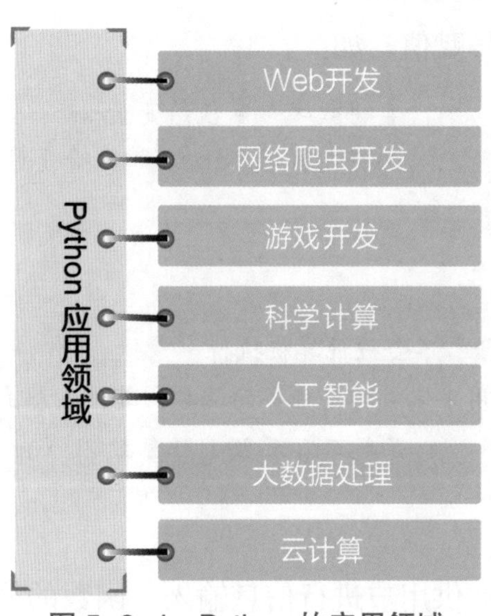

图 5–2–4　Python 的应用领域

探究活动

我们可以利用网络搜索一下 Python 开发的知名项目，更加全面地去了解 Python 的魅力。

3. Python 常用的开发环境

开发环境是指用于程序代码编辑、编译和运行调试的软件。Python 安装成功以后会自带一个 IDLE 开发环境，但功能比较有限，且界面友好度不高，为此多数 Python 开发人员会选择使用 Visual Studio Code（简称 VS Code）等作为 Python 的开发工具。

VS Code 是微软公司向开发者们提供的一款开源的跨平台编辑器。该编辑器支持包括 Python 在内的多种语言和文件格式的编写，具有语法高亮显示、快捷键丰富等诸多优点。VS Code 的图标如图 5-2-5 所示。

图 5-2-5 VS Code 图标

4. Python 的基础知识

（1）变量

变量通常用来表示计算机程序中可变的数据，存储在计算机的某个内存单元中。一个变量每次只能赋一个值，如果再次赋值就会覆盖前一次的值。

在程序设计过程中，用户会为每个变量定义一个名字，即变量名。Python 变量命名定义规则如下：

①变量名通常由字母、数字和下划线组成，且严格区分字母大小写。

②不能以数字作为变量名的开头，且不能包含空格。

③不能使用 Python 中的关键字作为变量名。

④定义变量的同时，必须为其赋值。

变量在赋值时，使用等号赋值。如：

```
x = 1                        # 将数字 1 赋值给变量 x。
str1 ="abc"                  # 将字符串 "abc" 赋值给变量 str1
```

①#后面的内容为代码注释，不会被计算机执行。

② Python 中提供了一系列用来完成特定任务的函数，其使用格式为：

函数名 ([参数 1], [参数 2],…)

（2）Python 的输入

Python 提供 input( ) 函数供用户进行信息输入，函数的简单语法格式如下：

```
input([prompt])
```

其中，prompt 为输入时的提示信息。函数用法举例如下：

```
name = input(" 请输入你的姓名: ")          # 将输入的姓名赋值给变量 name
```

（3）Python 的输出

Python 提供了 print( ) 函数进行信息输出，函数的简单语法格式如下：

```
print([objects])
```

其中，objects 为输出对象。如果要一次输出多个值，可使用逗号进行分隔，如：

```
print(" 北京 ")                          # 输出字符 " 北京 "
print(" 北京 ", " 上海 ", " 成都 ")        # 输出字符 " 北京 "," 上海 ", " 成都 "
print(name)                              # 输出变量 name 的值
```

（4）Python 的常用运算符

运算符是 Python 中的一些特殊符号，主要包括算术运算符、字符运算符、比较运算符和逻辑运算符等。

①算术运算符。算术运算符主要用于对数字进行各类运算，常用的算术运算符见表 5–2–1。

表 5–2–1 常用的算术运算符

运算符	功能说明	举例	运算结果
+	加，取两个数的和	10 + 8	18
–	减，取两个数的差	10 – 8	2
*	乘，取两个数的积	10 * 8	80
/	除，取两个数的商	10 / 8	1.25
%	取余，两个数相除以后的余数	10 % 7	3
//	整除，取出商的整数部分	10 // 7	1
**	幂，x 的 y 次方	2 ** 3	8，即 2^3

②字符运算符。字符运算符主要用于实现对字符的运算控制，常用的字符运算符见表 5–2–2。

表 5–2–2 常用字符运算符

运算符	功能说明	举例	运算结果
+	字符连接	"a" + "b"	"ab"
*	重复输出字符	"a" * 5	"aaaaa"

③比较运算符。比较运算符也称为关系运算符，常用于大小比较或逻辑比较的各类表达式，返回值为 True 或 False。常用的比较运算符见表 5–2–3。

表 5–2–3 常用比较运算符

运算符	功能说明	举例	运算结果
>	大于	2 > 1	True
<	小于	2 < 1	False
==	等于	"a" == "A"	False
!=	不等于	"a" != "A"	True
>=	大于或等于	2 >= 2	True
<=	小于或等于	3 <= 2	False

④逻辑运算符。逻辑运算符的作用是实现布尔运算，返回值为 True 或 False。常用的逻辑运算符见表 5-2-4。

表 5-2-4 常用逻辑运算符

运算符	功能说明	举例	运算结果
and	“与”运算。两侧表达式的运算结果同时为真，结果才为真	2 > 1 and 3 > 2	True
or	“或”运算。两侧表达式的运算结果只要有一个为真，结果就为真；两侧表达式的运算结果同时为假，结果才为假	2 < 1 or 3 > 2	True
not	“非”运算。表示对结果取相反的值	not 2 > 1	False

实践操作

1. 搭建 Python 开发环境

工欲善其事，必先利其器。要学习任何一门程序设计语言，必须先搭建开发环境。以 Windows 10 操作系统为例，其 Python 开发环境的搭建步骤如下：

（1）下载 Python 安装包

打开浏览器，进入 Python 的官方网站，在网站导航栏“Downloads”（下载）的下拉菜单中单击“Windows”栏目，即可进入 Python 的 Windows 安装包下载页面，如图 5-2-6 所示。

进入下载页面后，可根据计算机操作系统类型（32 bit 或 64 bit），选择相应版本的 Python 安装包下载即可。

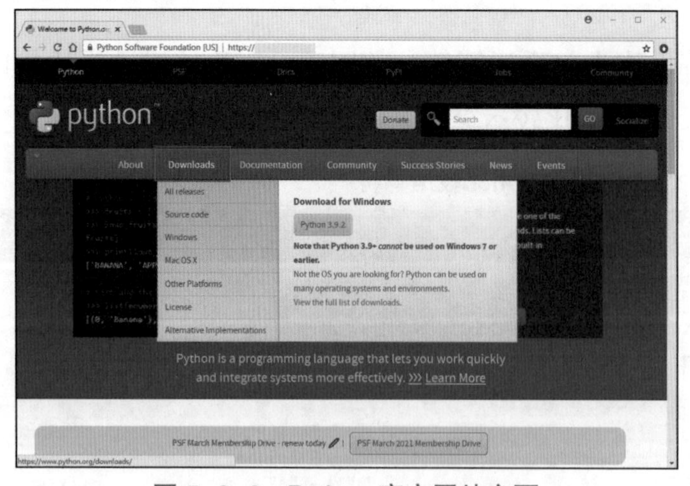

图 5-2-6 Python 官方网站主页

可在桌面的“此电脑”图标上单击鼠标右键，在弹出的快捷菜单中选择“属性”选项，查看计算机操作系统类型。

（2）安装 Python

安装包打开后，在弹出的安装对话框中按图 5-2-7~ 图 5-2-9 所示的操作进行安装即可。

在安装时，建议将图 5–2–7 中的标号①处复选框勾选上，表示系统自动设置环境变量；单击标号②表示自定义安装。

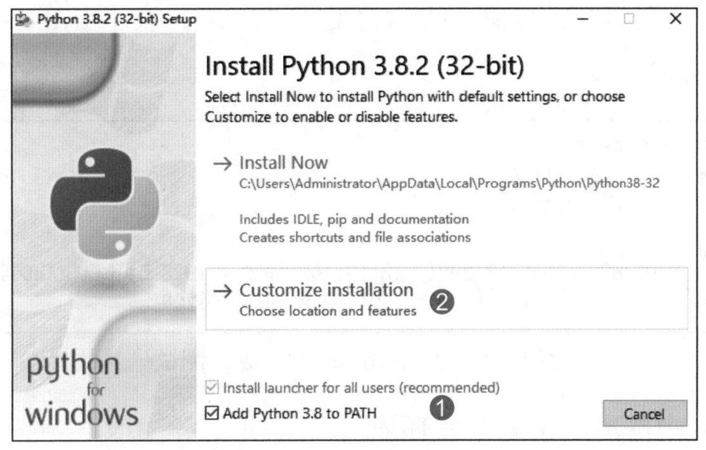

图 5–2–7　设置安装方式

图 5–2–8 中，建议勾选帮助文档、pip 包管理工具、IDLE 开发环境、测试包等相应的附加安装内容。

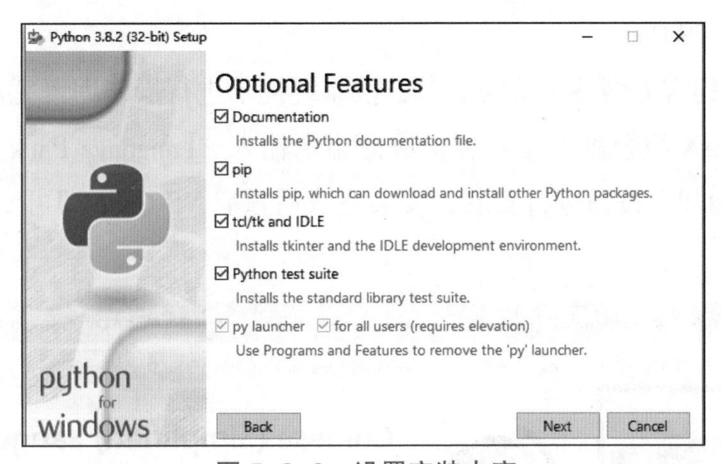

图 5–2–8　设置安装内容

图 5–2–9 中，标号③表示设置程序的安装路径。

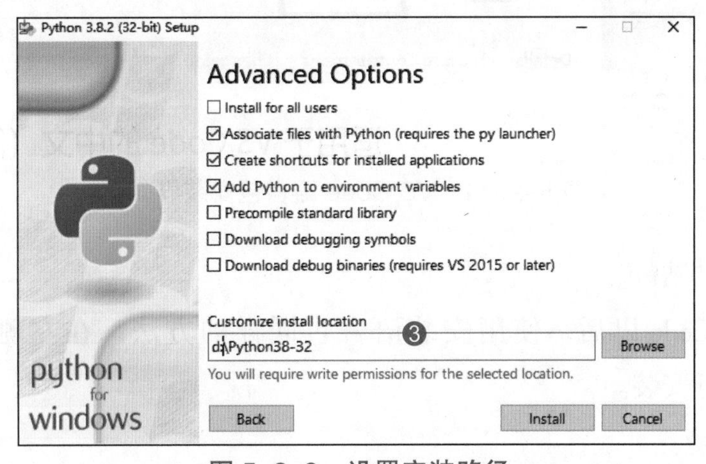

图 5–2–9　设置安装路径

（3）测试安装是否成功

安装完成后，在 Windows 的命令提示符窗口输入“Python”，按下 Enter 键，如果出现图 5-2-10 所示的对话框内容，且命令提示符变为“>>>”，表示 Python 已经安装成功，正在等待用户输入 Python 命令。

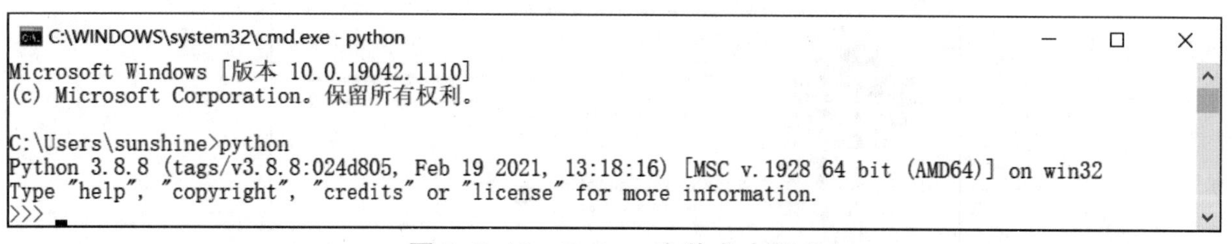

图 5-2-10 Python 安装成功测试

（4）在 VS Code 中搭建 Python 开发环境

虽然前面三个步骤已经成功搭建了 Python 的基础开发环境，但由于 Python 提供的 IDLE 开发环境界面不够友好，我们可以进一步搭建免费、开源、界面友好的 VS Code 开发环境，帮助我们更好地学习。

①下载并安装 VS Code。

进入 VS Code 的官方网站下载安装包，按系统提示进行操作即可完成安装。安装完成后，按下 Ctrl+Shift+X 组合键，在左侧扩展商店中输入“Language Packs”，选择简体中文语言包，单击“Install”按钮进行安装，安装完成后重启 VS Code 即可变为简体中文界面，如图 5-2-11 所示。

图 5-2-11 VS Code 语言包安装界面

②安装 Python 扩展包。

重新启动 VS Code 以后，使用安装语言包同样的方法，在左侧扩展商店中搜索“Python”，然后进行安装。

③测试开发环境。

在 VS Code 中新建一个文件，保存为“test.py”，输入语句：

```
print("人工智能编程, 我选 Python")
```

输入完成后，单击“运行”→“启动调试”按钮，在弹出的菜单中选择“Python 文件”选项，即可查看运行结果，如图 5-2-12 所示。

如果想将 VS Code 的默认调试程序类型设置为 Python，可利用互联网搜索相关方法解决。

图 5-2-12 VS Code 运行调试界面

2. 设计人机对话模拟程序

(1) 功能分析

要模拟人机对话程序，就必须对信息进行输入和输出，主要实现步骤如下：

①定义一个变量；

②使用输入函数 input( ) 将输入的内容赋值给变量；

③使用输出函数 print( ) 将变量内容进行输出。

(2) 程序设计

启动 VS Code，新建一个文件并保存为“模拟人机对话 .py”，输入如下程序代码：

```
Name = input("您好！请问您叫什么名字？ ")
# 将输入的姓名赋值给 Name 变量

Group = input("您好！ " + Name + ", 请问您是双创中心哪个小组的？ ")
# 将 Name 变量的值显示在输入提示文本中, 并要求用户输入小组名称, 赋值给 Group 变量

print("欢迎 %s 同学加入学校双创中心的 %s 小组！ " %(Name, Group))
# 将 Name 变量和 Group 变量的值使用占位符的方式显示在指定位置, 并输出相应的结果
```

①如果在两个字符串之间使用“+”，表示将两个字符串连接起来，如“a” + “b” = “ab”；如果在两个数字之间使用“+”，则表示进行算术运算，如 1 + 1 的结果为 2。

② print 函数中使用“%s”表示在输出时对字符串进行占位。

启动调试后，运行结果如图 5–2–13 所示。

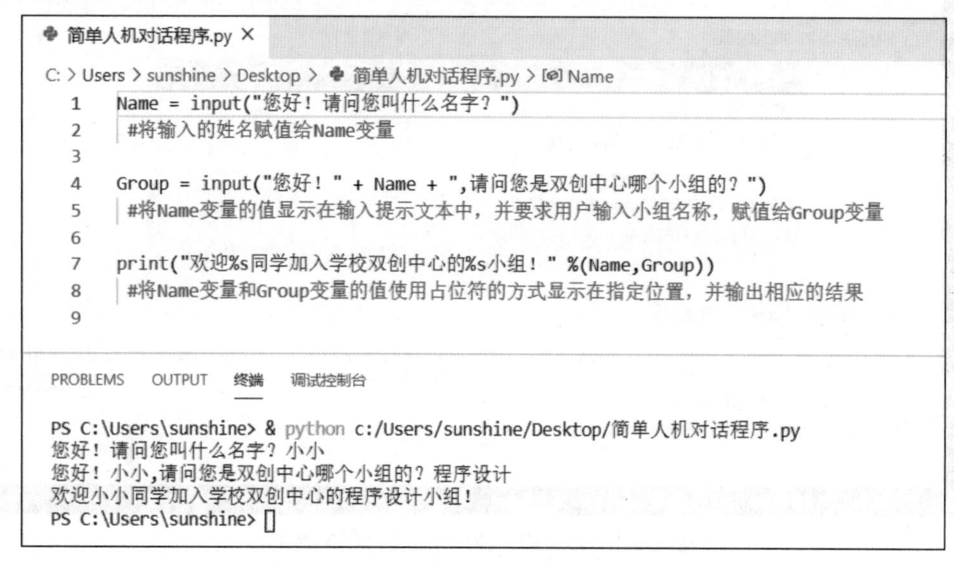

图 5–2–13　人机对话程序运行结果

拓展延伸

低代码开发平台

低代码开发平台是指无须编码或通过少量代码就可以快速生成应用程序的开发平台。它的强大之处在于：允许终端用户使用易于理解的可视化工具开发自己的应用程序，而不是传统的编写代码方式；构建业务流程、逻辑和数据模型等所需的功能，必要时还可以添加自己的代码；完成业务逻辑、功能构建后，即可一键交付应用并进行更新，自动跟踪所有更改并处理数据库脚本和部署流程，实现在 iOS、Android、Web 等多个平台上的部署。

低代码开发平台的一个显著特点是，更多的人可以参与到应用程序开发当中，无须任何技术背景。对于大型企业来说，低代码开发平台还可以降低 IT 团队培训、技术部署的初始成本。

随着低代码应用场景不断拓宽，以后会有更多企业或企业信息化服务提供商将采用技术门槛更低、开发效率更高的低代码开发平台，为自己量身定做企业核心系统以满足个性化的企业管理需求。

自我评价

请根据自己的学习情况完成表 5-2-5，并按掌握程度填涂☆。

表 5-2-5　自我评价表

知识与技能点	我的理解（填写关键词）	掌握程度
Python 的特点		☆☆☆
Python 的应用领域		☆☆☆
变量的概念		☆☆☆
Python 的变量命名规则		☆☆☆
Python 输入函数的格式		☆☆☆
Python 输出函数的格式		☆☆☆
Python 的常用运算符		☆☆☆
收获与心得		

举一反三

请同学们在 VS Code 开发环境中编写一个程序，用 2~3 句话输出自己对于任务 2 的学习心得。

任务 3 初探程序设计

小小经过实践，在自己的计算机上成功搭建了 Python 的开发环境，并完成了人机对话模拟程序的设计。接下来，小小继续 Python 的探究之旅，争取利用 Python 编写出一个网络爬虫程序，完成高铁图片批量自动下载的任务。

要想利用 Python 设计出网络图片批量下载的爬虫程序，首先需要学习 Python 的基本程序结构、库调用等相关知识，掌握 Python 程序设计的基础技能；再通过调用库的方法读取相关网站的 HTML 代码，在 HTML 代码中收集需要下载图片的 URL 地址；最后根据这些图片的 URL 地址，使用相应的程序代码实施批量自动下载。

感知体验

在编写程序实施批量自动下载图片前，请先体验手动下载图片的速度，为后续实现的图片批量自动下载程序提供对比。请访问“中车长春轨道客车股份有限公司”的官方网站，尝试手动下载网站内的动车组列车图片，保存到“D:\Train”中，效果如图 5-3-1 所示。

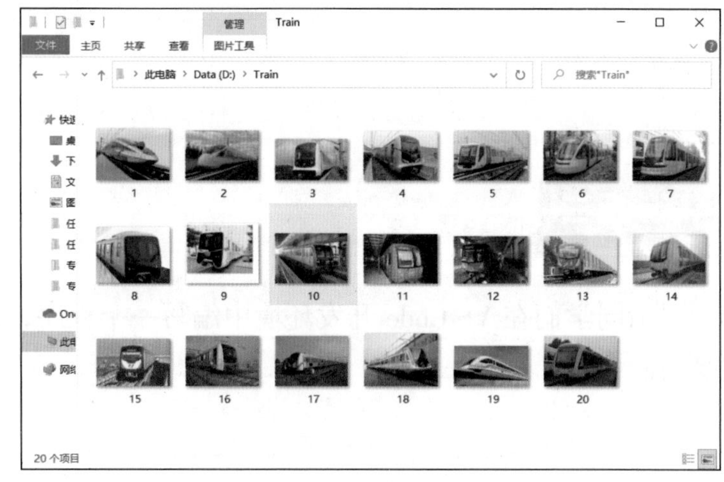

图 5-3-1 自动下载效果图

知识学习

1. Python 库的调用

Python 作为一门开源、免费的程序设计语言，提供了许多标准库，除此之外，网络上还有很多第三方库可供用户免费使用。常见的 Python 标准库如表 5-3-1 所示。

表 5-3-1 常见的 Python 标准库

名称	作用
datetime	提供日期和时间处理的函数
zlib	提供压缩和解压缩的函数
random	生成伪随机数
math	对 C 标准定义的数学函数进行访问
sys	提供系统相关的参数和函数
os	提供了许多与操作系统相关联的函数
turtle	海龟绘图

在使用 Python 编程时，可以在代码的最前面使用 import 语句调用其他库，如：

```
import random                # 导入随机库
import turtle                # 导入海龟库
```

若库无法直接使用，则可以先在 Windows 自带的命令提示符窗口中，使用“pip install 库名称”命令行下载安装，安装完成以后即可使用 import 语句导入。

第三方库需要到相应的官方网站下载，下载后将相关文件放入 Python 的安装目录。然后通过命令提示符进入 Python 安装目录，使用“Python 库文件 install”命令行进行安装。

网络上有许多 Python 开发的第三方库，如果在实际编程过程中遇到困难，可以根据程序需要实现的功能，去互联网搜索相关第三方库来帮助解决问题。每个库都有很多函数，用来实现特定的功能。在调用库的时候，还要注意查阅库中相关函数的功能和用法。

2. 程序设计结构

在程序设计过程中，大多数的编程语言都可以用顺序结构、选择结构和循环结构进行编码。通过结构化的程序设计，这些结构的代码有着结构清晰、易读性强、编码质量和效率高的优点。Python 作为一种程序设计语言，也有以上三种程序结构。

（1）顺序结构

顺序结构就是按照从上到下、从左到右的顺序逐语句执行代码。顺序结构流程如图 5-3-2 所示。

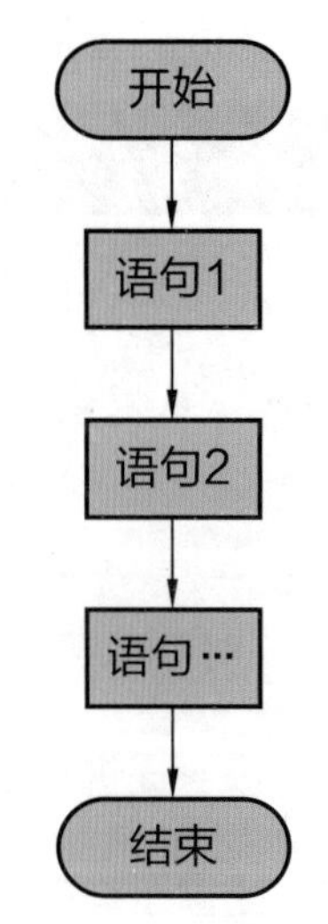

图 5–3–2 顺序结构流程

例：编写一个“乘法口算王”程序，要求用户输入两个数，计算并打印两个数的乘积。

```
print("-" * 10 + "乘法口算王" + "-" * 10)
# 输出乘法口算王的同时，在其前后各输出 10 个短横线符号
x = int(input("请输入第一个数:"))
# 将输入的第一个值转换为整型后，赋值给变量 x
y = int(input("请输入第二个数:"))
# 将输入的第二个值转换为整型后，赋值给变量 y
print(str(x) + "×" + str(y) + " = " + str(x*y))
# 按照指定格式输出计算结果
```

上述程序的运行结果如图 5–3–3 所示。

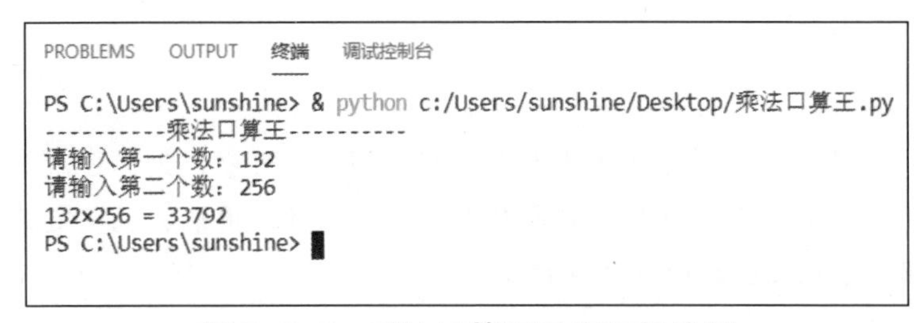

图 5–3–3 乘法口算王程序运行结果

小提示

① int（ ）函数的作用是将一个字符串或数值转换为整型，便于进行算术运算。

② str（ ）函数的作用是将对象转化为适于人阅读的形式，在上述案例中是将整型转化为字符串形式。

（2）选择结构

选择结构又称为分支结构，选择结构的程序会根据条件的成立与否选择执行不同的语句块。分支结构又分为单分支结构、双分支结构和多分支结构。

①单分支结构。单分支结构中，如果表达式为真则执行对应的语句块。其语法格式如下：

```
if <表达式>:
    <语句块>
```

单分支结构流程如图 5–3–4 所示。

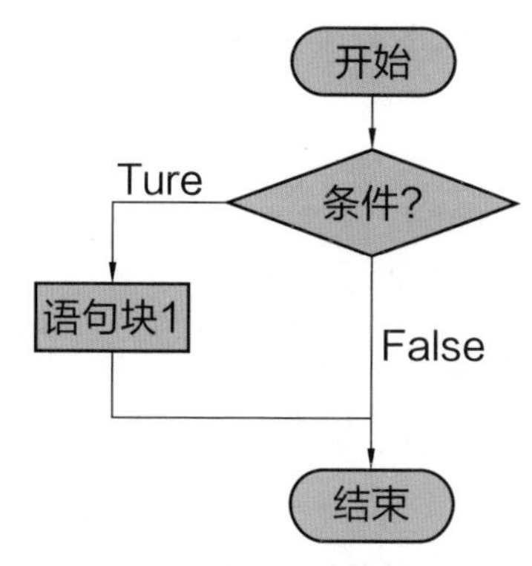

图 5-3-4 单分支结构流程

例：输入年龄进行判断，如果年龄大于或等于 18 岁，则输出“成年人”信息。

```
Age = int(input("请输入年龄:"))    # 将输入的数据转换为整型后，赋值给变量 Age
if Age>= 18:                       # 如果 Age 的值大于或等于 18，则输出 "成年人"
    print("成年人")
```

Python 采用代码缩进和冒号（：）来区分代码块之间的层次。在 Python 中，行尾的冒号和下一行的缩进，表示下一个代码块的开始，而缩进的结束则表示此代码块的结束，语句块中的每行必须是同样的缩进量。在 Python 中，代码缩进非常重要，一旦缩进位置出错，就会导致代码逻辑出错。

②双分支结构。双分支结构中，如果表达式为真则执行 if 条件后面的语句块，否则执行 else 后面的语句块。其语法结构如下：

```
if <表达式>:
    <语句块 1>
else:
    <语句块 2>
```

双分支结构流程如图 5-3-5 所示。

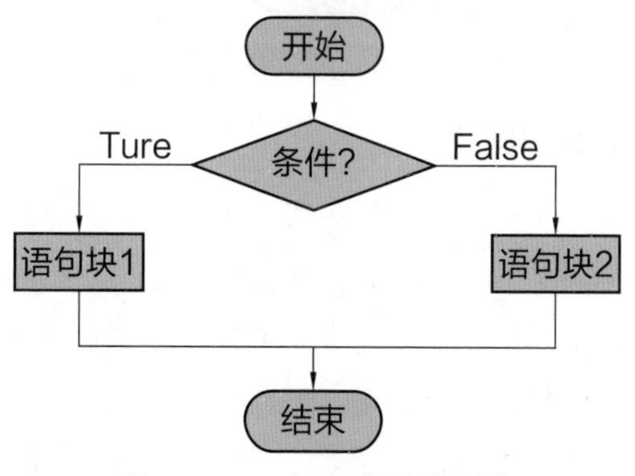

图 5-3-5 双分支结构流程

例：输入年龄进行判断，如果年龄大于或等于 18 岁，输出“成年人”，否则输出“未成年人”。

```
Age = int(input("请输入年龄:"))
if Age >= 18:
    print("成年人")
else:
    print("未成年人")
```

探究活动

请通过网络查询 Python 的多分支结构的实例进行自学，并交流学习心得。

（3）循环结构

循环结构是指在一定条件下反复地执行某段程序的流程结构，Python 提供了 for 循环和 while 循环两种语句。

① for 循环。for 循环一般用于有具体执行次数的循环。其语法结构如下：

```
for <迭代变量> in <对象>:
    <循环语句块>
```

for 循环流程如图 5-3-6 所示。

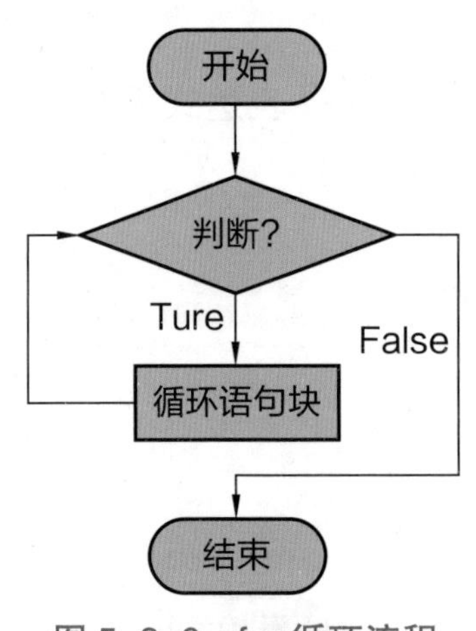

图 5-3-6　for 循环流程

例：计算 s=1+2+3+…+100 的结果。

```
s = 0
for i in range(1, 101):          # 设置循环变量 i，其值的范围为 1~100
    s = s + i                    # 将 s 的值与 i 的值相加，再赋值给 s，实现累加
  print("s=" + str(s))
```

在上面的代码中，使用了 range( ) 函数，该函数用于生成一系列连续的整数。如 range（1，101）是指从 1 开始计数到 101，但不包括 101。

② while 循环。while 循环一般用于在指定条件内重复执行语句块的循环。其语法结构如下：

```
while <条件表达式> :
  <循环语句块>
```

while 循环流程如图 5-3-7 所示。

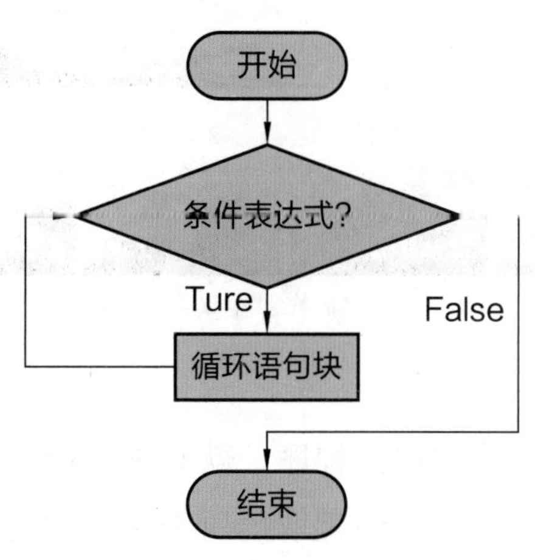

图 5-3-7 while 循环流程

例：设计一个程序，检测输入的数字能否被 7 整除，如果不能被整除则要求重新输入，直到输入的数字能够被 7 整除为止。

```
flag = False                # 定义循环条件变量 flag 的初值为 False
while flag == False:        # 当循环条件变量 flag 的值为 False，循环继续
      k = int(input("请输入一个任意数值："))
      if k % 7 == 0:        # 判断输入的数值能否被 7 整除
            flag = True  # 如果输入的数值 k 被 7 整除，设置 flag 为 True，循环结
束
print(str(k) + "能够被 7 整除")
```

上述程序中，定义的 flag 变量作为逻辑值的标记，当变量 k 的值能够被 7 整除，变量 flag 的值就设置为 True。而变量 flag 的值为 True 以后，因不能满足循环条件而导致循环语句结束。

同时，要注意上述程序中的比较运算符“==”和赋值符号“=”的区别。

实践操作

通过网络搜索，小小查询到我国部分高速动车组列车是由中车长春轨道客车股份有限公司制造的，小小访问了该公司的官方网站，发现里面有大量自己需要的高速动车组列车图片（图 5-3-8）。于是，小小开始编写网络爬虫程序来实现图片的批量自动下载。

图 5-3-8　中车长春轨道客车股份有限公司官方网站

1. 程序功能分析

要编写从网站自动下载图片的爬虫程序，就必须读取出相关页面的 HTML 代码，设定好图片保存的目录，再从页面代码中爬取出所需图片的地址，实施批量自动下载并保存到相应目录中。具体设计思路如图 5-3-9 所示。

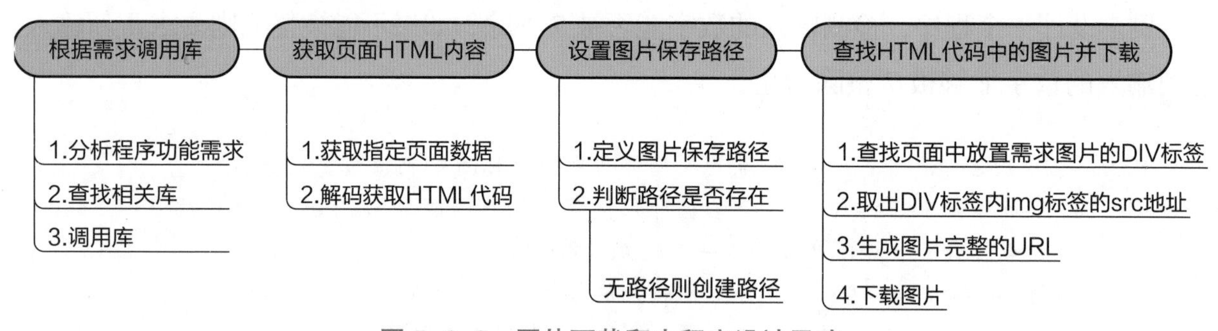

图 5-3-9　图片下载爬虫程序设计思路

（1）根据需求调用库

如果要靠用户自行编写代码来实现图片自动批量下载程序的所有功能，其难度必然非常大，且效率不高。Python 的强大之处就在于它作为一门开源的编程语言，有许多的开发者为其开发第三方库。为此可以利用这一优势，通过互联网查询与程序功能需求相关的第三方库，通过调用相应的第三方库来减少代码编写量和降低难度。小小通过互联网查阅到，可以调用 Requests 库和 BeautifulSoup4（简称 BS4）库来简化爬虫程序的编码。

① Requests 库不能直接调用，需在命令提示符窗口中使用“pip install requests”命令行下载安装后才能调用。

② BeautifulSoup4 属于第三方库，可以进入其官方网站下载后安装。具体安装方法可在资源包中查看，也可利用网络查询。

（2）获取页面 HTML 内容

要获取页面的 HTML 代码，可以使用 Requests 库的 get( ) 函数获取指定 URL 地址的页面数据，再使用 BeautifulSoup( ) 函数对获取到的页面数据进行解码。

（3）设置图片保存路径

设定图片下载的保存路径时，需检测路径是否已经存在，如果不存在则需创建保存路径文件夹。

要读取和创建路径，还需要调用 os 库来进行处理。

（4）查找 HTML 代码中的图片并下载

读取出相应页面的 HTML 代码后，需对页面代码进行分析，先找到页面代码中图片的“img”标签所在的外层“DIV”标签，再利用该“DIV”标签进行定位，爬取出所有需求图片的“src”地址，然后将网站域名和图片的“src”地址进行组合，生成完整的图片 URL 地址，最后通过这些地址实施批量自动下载。

学习爬虫程序，必须对 HTML 代码中的标签有基本的了解。可以利用网络搜索 HTML 常用标签的用法，帮助理解案例中的爬虫程序原理。

2. 编写程序代码

根据上述思路，编写出的代码如图 5-3-10 所示。

```
AutoPic.py ×
C: > Users > sunshine > Desktop > AutoPic.py > ...
1   import requests                                         #调用requests库
2   from bs4 import BeautifulSoup                           #调用BeautifulSoup库
3   import os                                               #调用os库
4
5   #获取页面的HTML代码
6   Page = requests.get("https://www.crrcgc.cc/ckgf")       #获取页面内容
7   Html = BeautifulSoup(Page.content,'html.parser')        #使用BeautifulSoup模块对页面内容进行解码，生成整个页面的HTML代码。html.parser是内置标准的解析器
8
9   #检测图片保存路径是否存在，如果不存在则自动创建
10  Path = 'D:\\Train'                          #设置图片的保存路径
11  if not os.path.isdir(Path):                 #判断有无路径，无则创建
12      os.makedirs(Path)
13
14  PicName = 1
15  for DivList in Html.find_all("div",class_='cpfw-news-item-pic'):     #查找HTML代码中所有class属性为“cpfw-news-item-pic”的div标签
16      PicSrc = DivList.find('img').get('src')                          #在div标签代码中查找img标签，并取出img标签的src地址
17      PicUrl="https://www.crrcgc.cc/" + PicSrc                         #在src地址前面加上网站域名，构成图片的完整网络地址
18      with open("d:/Train/" + str(PicName) + ".jpg",'wb') as f:        #使用with Open() as方法定义图片读写的路径和新文件名
19          print('开始下载图片：' + PicUrl)
20          PicBytes = requests.get(PicUrl).content                      #将网络图片转换为二进制数据，便于下载
21          f.write(PicBytes)                                            #实施下载
22      print('恭喜您，图片下载成功！')
23      PicName = PicName + 1                                            #将下一张下载图片文件名中的数值实现累加
24  print('全部图片下载完成！一共下载了' + str(PicName - 1) +"张图片。")     #提示下载成功信息
```

图 5-3-10　图片自动下载爬虫程序代码

3. 运行程序

运行自动下载图片的爬虫程序后，即可实现图 5-3-11 所示的图片批量自动下载功能。

```
开始下载图片：https://www.crr  .cc//Portals/128/Uploads/Images/2016/4-28/635974363373017481.jpg
恭喜您，图片下载成功！
开始下载图片：https://www.crr  .cc//Portals/128/Uploads/Images/2016/4-28/635974361798350716.jpg
恭喜您，图片下载成功！
开始下载图片：https://www.crr  .cc//Portals/128/Uploads/Images/2017/12-1/636477334867269679.JPG
恭喜您，图片下载成功！
开始下载图片：https://www.crr  .cc//Portals/128/Uploads/Images/2016/4-28/635974359833215264.jpg
恭喜您，图片下载成功！
开始下载图片：https://www.crr  .cc//Portals/128/Uploads/Images/2016/4-28/635974352215097883.jpg
恭喜您，图片下载成功！
开始下载图片：https://www.crr  .cc//Portals/128/Uploads/Images/2016/4-28/635974349520817151.jpg
恭喜您，图片下载成功！
开始下载图片：https://www.crr  .cc//Portals/128/Uploads/Images/2016/4-28/635974348968264181.jpg
恭喜您，图片下载成功！
开始下载图片：https://www.crr  .cc//Portals/128/Uploads/Images/2016/4-28/635974347440709498.jpg
恭喜您，图片下载成功！
开始下载图片：https://www.crr  .cc//Portals/128/Uploads/Images/2016/4-28/635974346147155226.jpg
恭喜您，图片下载成功！
开始下载图片：https://www.crr  .cc//Portals/128/Uploads/Images/2016/4-28/635974345083701358.jpg
恭喜您，图片下载成功！
开始下载图片：https://www.crr  .cc//Portals/128/Uploads/Images/2016/4-28/635974343914167304.jpg
恭喜您，图片下载成功！
开始下载图片：https://www.crr  .cc//Portals/128/Uploads/Images/2016/4-28/635974343146645956.jpg
恭喜您，图片下载成功！
开始下载图片：https://www.crr  .cc//Portals/128/Uploads/Images/2017/12-1/636477181652536572.JPG
恭喜您，图片下载成功！
全部图片下载完成！一共下载了20张图片。
PS C:\Users\sunshine>
```

图 5-3-11 批量自动下载图片的程序运行图

上述代码仅限于特定范围使用，不要求对每一句代码都能完全读懂，只需根据代码注释理解其解决问题的思路即可。

拓展延伸

体验积木编程

除了低代码开发平台外，生活中还有许多积木编程的软件。这些积木编程的软件提供了可视化的编程环境，用户在编程过程中不需要输入代码，只需要像堆积木一样，将可视化的积木代码块按照一定的思路和步骤搭载起来，设定好相关参数并运行，即可实现编程的效果。在积木编程的过程中，还可以切换至代码模式，查看真正实现功能的程序源代码。

同学们也可以利用教材资源库中的“动车组列车控制”场景资源（图 5-3-12），通过积木编程来尝试对动车组列车的开门、关门、前进、停止、车灯开启和关闭进行控制。同时也可以将积木模式切换至 Python 模式，对比两种编程方式的差异。

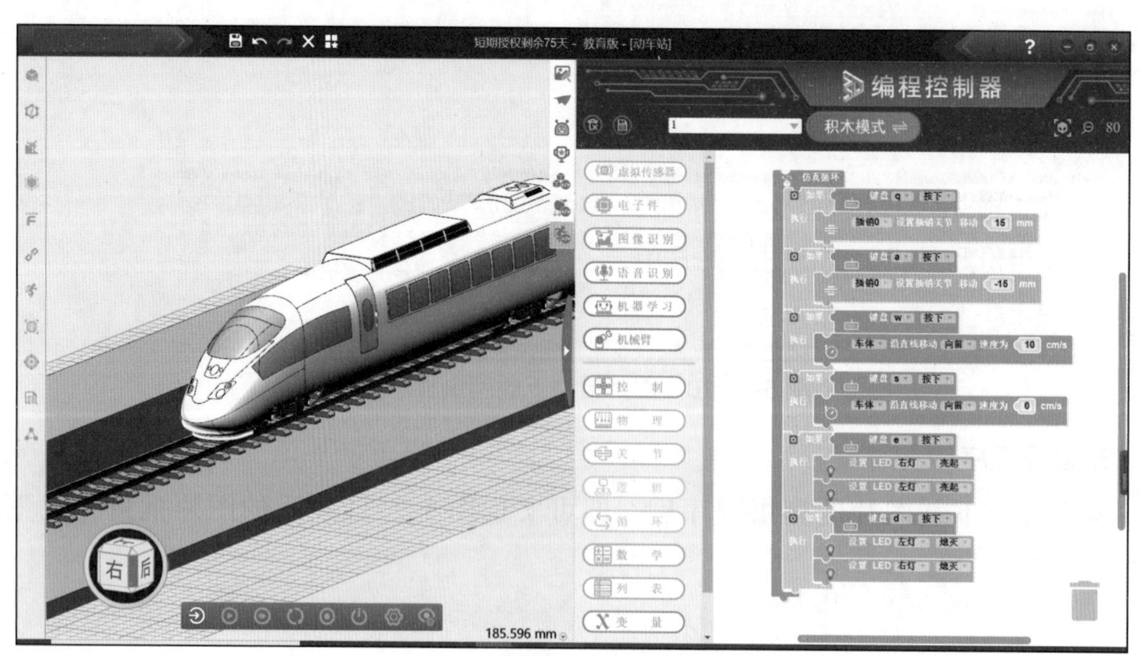

图 5-3-12 “动车组列车控制”积木编程界面

自我评价

请根据自己的学习情况完成表 5-3-2，并按掌握程度填涂☆。

表 5-3-2 自我评价表

知识与技能点	我的理解（填写关键词）	掌握程度
Python 库调用语句		☆☆☆
顺序结构		☆☆☆
选择结构		☆☆☆
循环结构		☆☆☆
收获与心得		

举一反三

1. 网络上还提供了许多爬虫的应用程序，可以使用爬虫应用程序来帮助我们批量自动收集许多有用的数据。请在网上搜索并使用一款网络爬虫工具，爬取有关中国高铁最新技术的新闻信息，进行整理以后在全班进行分享。需要提示的是，在使用爬虫程序的时候，一定要合法地使用爬取的数据。同时，要尊重爬取数据的版权，不能在未经他人允许的情况下，将其用于商业目的。

2. 请利用互联网查询 Python 标准库 calendar 的使用方法，然后编写代码调用该库，实现输入年份和月份后输出对应的日历表。

专题总结

通过本专题的学习，对计算机程序设计有了初步了解。了解了程序设计基础知识，理解了算法的本质和内涵，掌握了程序设计的基本方法和设计思路，逐渐形成了计算思维的核心素养。通过本专题的学习，还了解了常见主流程序设计语言的种类和特点，掌握了相应程序设计语言的基础知识，能够使用相应的程序设计工具编辑、运行及调试程序，并能使用功能库扩展程序功能，进行信息采集、批量和自动化处理。计算机程序设计的知识和技能非常多，我们还需要不断加强学习，运用计算机程序解决遇到的各类问题，切实提高工作效率。

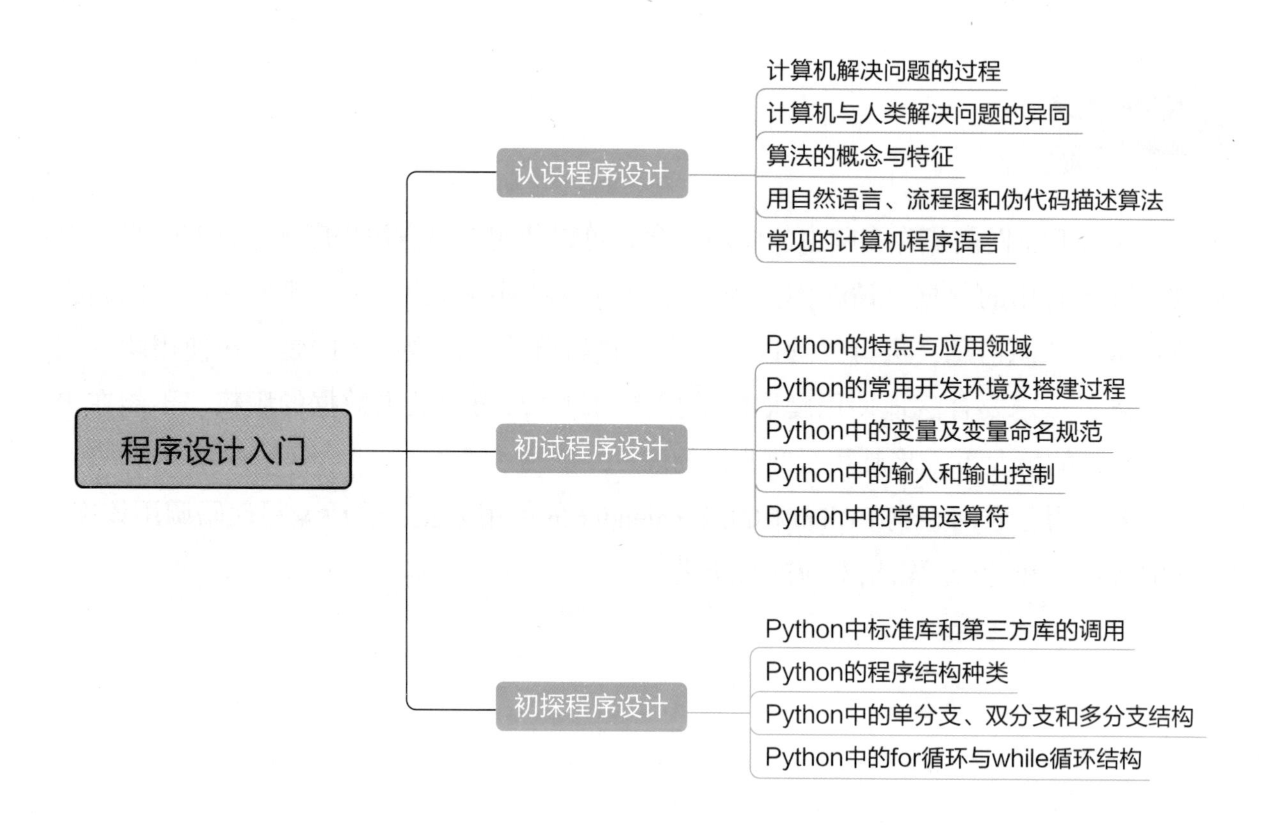

专题练习

一、单选题

1. 下列属于算法含义的是（　　）。

A. 数学题的计算方法　　B. 计算结果

C. 解决问题的思路和步骤　　D. 计算机程序

2. 下列选项中，不属于程序设计语言的是（　　）。

A. Java　　B. C++　　C. Python　　D. 学生管理系统

3. 下列选项中，不属于 Python 特点的是（　　）。

A. 可以跨平台开发　　B. 源代码开放

C. 面向不同类别的用户收费　　D. 应用领域广

4. 下列关于变量的说法，正确的是（　　）。

A. 一个变量只能存储一个值，第二次赋值会覆盖前一次的值

B. 变量中的数据是不能改变的

C. 同一个程序中，两个变量名可以相同

D. 变量名严格区分大小写，使用的时候直接定义即可，不用赋值

5. 下列不属于 Python 算术运算符的是（　　）。

A. *　　B. %　　C. //　　D. $

6. 表达式 "abc" * 2 的输出结果为（　　）。

A. "abc2"　　B. "aa"　　C. "ab"　　D. "abcabc"

7. Python 中，语句 "print（100 – 3 * 3 % 4）" 的输出结果为（　　）。

A. 1　　B. 99　　C. 2　　D. 98

8. Python 中，用于终止当前循环的关键词是（　　）。

A. End　　B. break　　C. Exit　　D. import

9. 下列选项中，属于 Python 输入的函数是（　　）。

A. str()　　B. input()　　C. print()　　D. int()

10. 在 Python 中，下列符号为赋值符号的是（　　）。

A. ==　　B. =　　C. ->　　D. =>

二、判断题

1. 进行计算机程序设计前，必须先确定算法。（　　）

2. Python 能够用于游戏开发，也可以用于科学计算、人工智能等领域。（　　）

3. Python 只能在 IDLE 中进行设计和运行程序。（　　）

4. Python 可以使用 import 导入其他标准库或第三方库。（　　）

5. 选择结构也称为分支结构，会根据条件来执行相应的语句块。（　　）

三、实践操作题

编写并运行以下程序，在班级内展示分享。

1. 设计一个人机对话程序，要求用户首先提供姓名和年龄信息，当用户输入完成以后，设计个性化的输出信息，输出的信息必须包含姓名和年龄。

2. 请设计出一个通过输入 PM2.5 浓度判断空气质量的程序，判断标准如下。

PM2.5 浓度值 / ($\mu g \cdot m^{-3}$)	空气质量
≤ 35	优质
35~75	良好
75~115	轻度污染
115~150	中度污染
150~250	重度污染
>250	严重污染

3. 设计一个程序，计算 s=1+3+5+…+999 的结果。

专题6 数字媒体创意

数字媒体的应用已经深入到社会生活的方方面面，已然成为信息技术持续发展新的增长点。数字媒体产业以数字化、交互性、网络性、高效性为主要特征，将信息技术与内容创意相结合，成为知识经济时代的重要产业。数字媒体技术将模拟媒体信息进行数字化转换和加工，使得人们能够更广泛地传播、更快速地获取、更便捷地使用信息资源。

专题情景

古老的“丝绸之路”成为贸易路线后，西南“茶马古道”也兴盛起来。其中一条“茶马古道”起源于我国四川省雅安市，经泸定、康定、巴塘、昌都、拉萨再到尼泊尔、印度等地，是我国古代西南地区与外界交流的桥梁，茶叶则是这条路上的“硬通货”。

小小的舅舅家就在雅安，近几年在“一带一路”倡议、西部大开发战略和国家乡村振兴战略的影响下，他希望将自家的茶叶通过网络进行推广。于是他找到小小帮忙，想让她为茶叶做一些图片、音频、视频等数字媒体素材以供宣传之用。

学习目标

1. 了解数字媒体技术的发展及其文件类型、格式和特点。
2. 会获取、加工数字媒体素材并进行不同格式的文件转换。
3. 了解数字媒体信息采集、编码和压缩等技术原理。
4. 会对图像、音频、视频等素材进行采集、编辑、处理。
5. 了解数字媒体作品设计的基本规范，会集成数字媒体素材并制作数字媒体作品。
6. 了解虚拟现实与增强现实技术的发展，体验应用效果。

任务 1 认识数字媒体

任务描述

数字媒体技术在社会的各个领域有着广泛的应用，数字媒体作品如今已经深入我们学习、生活的各个环节。在平时生活中，小小接触过不少文字、图片、声音和视频素材，但对于它们的类型、格式、特点等信息却不甚了解。为了更好地完成舅舅交代的任务，小小需要进一步学习相关的知识，为后续任务做好准备。

感知体验

俗语说“秀才不出门，能知天下事”。旧时，人们认为读书人通过读书，不用出门便可了解天下大事。在媒体技术欠发达的古代或许有些夸大成分，而随着数字媒体技术的发展，信息的传播载体和速度发生了翻天覆地的变化，这句话变成了现实。

请同学们通过《人民日报》手机客户端（或官方网站）浏览实时热点、新闻报道（图 6-1-1），并思考这种信息获取方式与读书看报的区别是什么。

图 6-1-1 浏览《人民日报》手机客户端及官方网站

知识学习

1. 数字媒体与数字媒体技术

数字媒体（Digital Media）是指利用计算机存储、加工和传输的媒体的统称，它是数字化的内容作品，且以网络为主要传播载体。与传统媒体相比，其特征不仅在于内容的数字化，更在于传播手段的网络化。

数字媒体技术（Digital Media Technology）是将文字、图像、声音、视频等感觉媒体，进行数字化采集、编码、存储、传输、显示及管理等的软硬件技术，具有数字化、集成性、交互性、网络性、艺术性、趣味性等特征。

2. 数字媒体技术的应用

随着社会的发展，数字媒体技术在各个领域都有了深入的应用（图 6–1–2），已经影响并改变着我们的生活、学习、工作的方方面面，我们正处于一个数字媒体技术高速发展的时代。电子版报纸、杂志在降低了发行成本的同时还提升了发行效率；各大电视台也推出了网络客户端，让观众有了点播的自主权；政府的门户网站时刻发布着最新信息，让老百姓能更方便地了解政策和民生；各企业通过各种平台推送最新产品，使顾客可以足不出户地满足需求。除此以外，数字娱乐给人们的生活带来了更丰富多彩的体验，数字学习、数字医疗不断地提升着我们的生活品质。

图 6–1–2　数字媒体技术主要应用领域

3. 虚拟现实、增强现实技术

数字媒体技术的另一个重要应用领域就是虚拟仿真，它利用计算机技术将物品、场景等数字化或直接创建虚拟对象，再辅以感知设备使人获得更多信息。

虚拟现实（Virtual Reality，VR）就是利用计算机技术构建出虚拟的场景，通过专门的设备在视、听、触等感、知觉方面进行模拟，从而营造出真实的氛围，如图 6–1–3 所示；而增强现实（Augmented Reality，AR）则是通过穿戴设备（如 VR 眼镜、智能头盔等）或智能终端将虚拟信息叠加、嵌套在真实世界上，进行互动，给真实世界添加更多的信息，如图 6–1–4 所示。

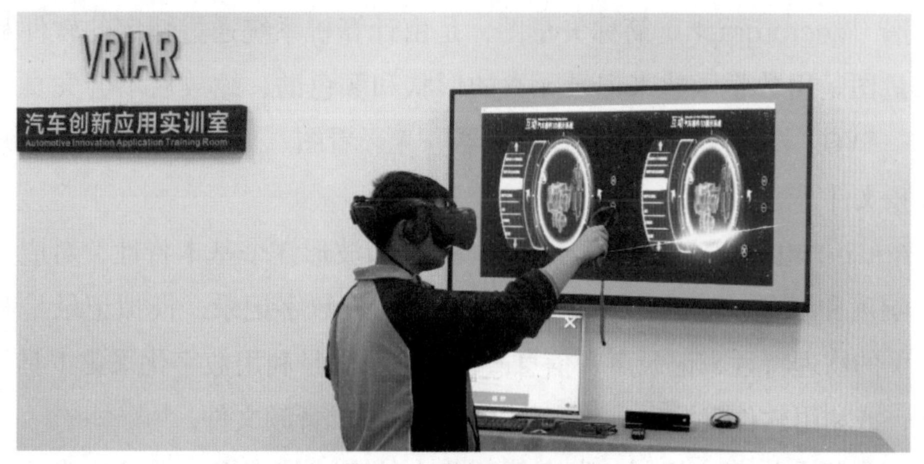

图 6–1–3　VR 实训教学系统

图 6-1-4　AR 实景导航

实践活动

故宫博物院是世界上规模最大、保存最完整的木结构宫殿建筑群，里面还保存有 180 余万件（套）的各类藏品。通过“故宫博物院”官方网站，“游览”故宫欣赏宝藏，体验数字技术带来的便捷。

4. 数字媒体文件类型及格式

数字媒体文件主要包括文本文件、图像文件、音频文件、视频文件等不同类型，并以不同的文件格式存储于硬盘、U 盘、光盘等存储媒体中。

（1）文本文件

文本（Text）是语言的书面表达形式，广义地理解为任何由书写固定下来的话语，它是由各种字符组成的；狭义理解则是指存储在计算机中的字符形式的文字信息。计算机中的很多文件都包含文本，其格式包括 WPS、TXT、DOC、PDF、HTML、XLS。

（2）图像文件

图像（Image）也称位图或点阵图，它以数字化方式记录客观世界的大小、形态和位置等特征，由若干像素组成，缩放后会失真，其常见格式有 BMP、JPEG、GIF、TIFF 等。

矢量图形（Vectorgraph）简称矢量图，是由计算机系统通过特定的软件和算法合成的图形。矢量图是用数学函数来记录元素的形状和颜色的，缩放后不会失真，常见格式有 CDR、AI、SVG。图像文件常用照片查看器、光影看图、美图秀秀等软件实现查看。

（3）音频文件

音频（Audio）也称声音，它包含频率、振幅和波形 3 个基本特性，对应人耳所感觉到的声调、响度和音色。它的记录方式有模拟记录和数字记录，模拟记录是利用记录媒介（如磁带）的物理特性来记录声音信息；数字记录则是利用数字化采集工具将声音转换为数字信息，或利用软件直接生成数字化音频并封装成音频文件。

由于数字音频在加工、复制、发布等环节中的衰减较模拟音频可忽略不计，所以目前它的应用更为广泛。常见音频文件的格式有 WAV、MP3、ACC、FLAC、WMA 等。音频文件常用酷我音乐、酷狗音乐、QQ 音乐等软件实现播放。

（4）视频文件

视频（Video）是以连续画面记录信息的一种形式，连续画面变化每秒超过 24 帧（Frame），根据视觉暂留原理，人眼看上去就会产生平滑的视觉效果。帧频越高画面越流畅，目前主流网络视频的帖频为 29.97 帧 / 秒（部分场景为 30 帧 / 秒），更高可达 120 帧 / 秒以上。

视频文件的常见格式有 AVI、MP4、MKV、MOV、WMV、MPG、VOB、FLV 等，MP4 格式因文件体积小、压缩率高、通用性强，是目前主流的视频格式之一。

实践活动

请你帮助小小理解不同文件的归类，用连线的方式把文件与对应的文件类型连接起来。

3. 制作数字媒体作品的一般步骤

《中华人民共和国著作权法》中定义的作品是指“文学、艺术和科学领域内具有独创性并能以一定形式表现的智力成果”。而数字媒体作品则是利用数字媒体技术创作的，其制作过程一般包括需求分析、素材获取、素材加工和作品集成 4 个步骤。

（1）需求分析

需求分析通常包括内容与功能需求、参数需求、展示平台需求、工期需求等。其中较为重要的是内容与功能需求和参数需求，内容与功能需求，即要确定呈现的主题、实现的功能以及作品风格等个性化要求。参数需求则是使用场景对作品的基本属性的要求，如格式、码率、分辨率、帧频等。

（2）素材获取

文本素材的获取通常采用键盘输入的方式，即在各种文字编辑软件的支持下将文本使用键盘录入到计算机中。除此以外，还可以使用语音录入、OCR 识别等方法。

图像素材的获取途径也是多种多样的。使用数码相机或手机拍摄（图 6–1–5）是目前较为主流的图像素材获取途径，通过互联网也可以获得丰富的图像资源，利用屏幕截图的方式则可以获得屏幕所显示的图像。

图 6–1–5　手机拍摄获取图像素材

音频素材的获取通常可采用录音软件录制、软件合成、网络下载等途径。录音软件录制是将模拟信号转换成数字信号以获取音频的过程，软件合成则是利用专门的工具通过一定的计算机算法生成音频，如图 6–1–6 所示。

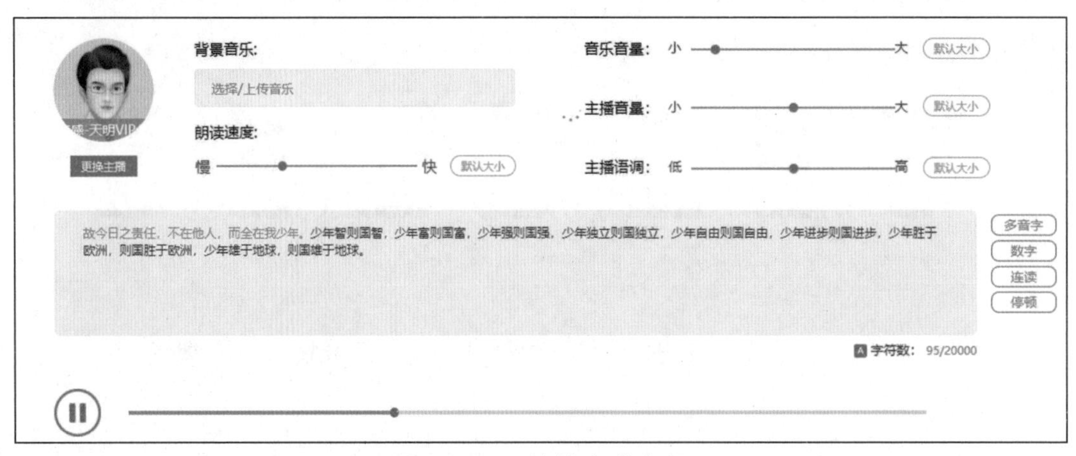

图 6–1–6　软件合成音频

视频素材的获取途径包括数码摄像设备（如摄像机、手机等）直接拍摄、视频捕捉软件录制、视频制作软件生成、视频采集卡采集、网络下载等。其中使用数码摄像设备拍摄的方法更能够体现内容的原创性，也已成为目前主流的视频素材获取方式。

> **小提示**
>
> 无论采用哪种方式获取何种素材，都应在不侵犯版权的前提下进行。

（3）素材加工

素材加工是指对采集的素材按照需求进行适当的处理。不同类型的文件所采用的加工方式不尽相同，素材的常用加工方式如表 6–1–1 所示。

表 6–1–1　素材的常用加工方式

素材类型	常用加工方式
图像素材	调整尺寸及画面比例、画面修饰美化、添加文字信息、格式转换等
音频素材	降噪、调音、拼接、格式转换等
视频素材	剪辑、调整分辨率、添加特效动画、调整色调等

素材加工所使用的工具可以是基于移动终端的，也可以是基于计算机桌面系统的。随着移动 APP 的蓬勃发展，利用手机来加工数字媒体素材变得越来越便捷，但如果要追求更高的质量，则需要利用计算机进行加工。

（4）作品集成

作品集成是指将素材根据所需要表达的含义和实现的功能进行加工集成从而生成作品的过程。我们平时听到的歌曲其实是人声与伴奏的集成，看到的电影是多个视频场景片段的集成，浏览的网页是文字、图像等多种数字媒体素材的集成。

实践操作

1. 调研数字媒体应用场景

调研你所学专业领域或生活中的数字媒体技术应用场景，分析这些场景中使用了哪些数字媒体技术、解决了什么问题，以及你认为还有哪些可以改进完善的地方。完成表 6-1-2 的填写并与同学们进行分享交流。

表 6-1-2　数字媒体技术应用调研

调研的应用场景	使用的数字媒体技术	解决的问题	完善建议
数字化课堂	音视频技术、动画……	使理论学习变得生动……	在线分享课件实现随时学习……

2. VR 云游中国茶叶博物馆

中国茶叶博物馆位于杭州市，是我国唯一一所以茶和茶文化为主题的国家级专题博物馆。小小一直没有机会去现场参观，好在该馆开通了数字展厅，可以足不出户就能“身临其境”地游览。

通过搜索引擎搜索“中国茶叶博物馆”，通过其官方网站中的“藏品鉴赏”栏目近距离观看各类茶具。在网站最下方通过扫描二维码方式进入“数字展厅”云游茶博馆，如图 6-1-7 所示。

图 6–1–7　云游中国茶叶博物馆数字展厅

请根据自己的学习情况完成表 6–1–3，并按掌握程度填涂☆。

表 6–1–3　自我评价表

知识与技能点	我的理解（填写关键词）	掌握程度
数字媒体的定义		☆☆☆
数字媒体与传统媒体的区别		☆☆☆
数字媒体主要应用领域		☆☆☆
常见的图片、音频、视频的文件格式		☆☆☆
数字媒体作品制作的一般步骤		☆☆☆
收获与心得		

通过电子商务网站平台，以“笔记本电脑”为关键字检索产品，阅读产品介绍并思考它使用了哪些数字媒体文件，并起到了什么作用？

任务 2 制作宣传图片

在电商平台、社交平台上，产品静态宣传展示的重要载体就是图片。小小的舅舅希望小小能为他制作一套图片作为朋友圈、电商平台等渠道的宣传图片。我国是世界上最早种植和饮用茶叶的国家，茶由于具有淡雅、清新的特质，故被誉为“饮中君子”，在制作宣传图片时通常以淡雅、古典风格为主。

为真实地展现茶叶的特点，小小计划用手机拍摄的方式来获取图像素材。由于宣传图片将用于多平台发布或集成，这就需要采集图像素材后根据不同平台的需求对图片进行加工美化，制作出符合要求的图片产品，部分宣传图片效果如图 6-2-1 所示。

图 6-2-1 部分宣传图片效果图

感知体验

图 6-2-2 所示为通过电商平台寻找的两款茶叶产品宣传主图，对比这两款茶叶的产品主图，分析两种风格的异同，对比主体在画面中的位置。

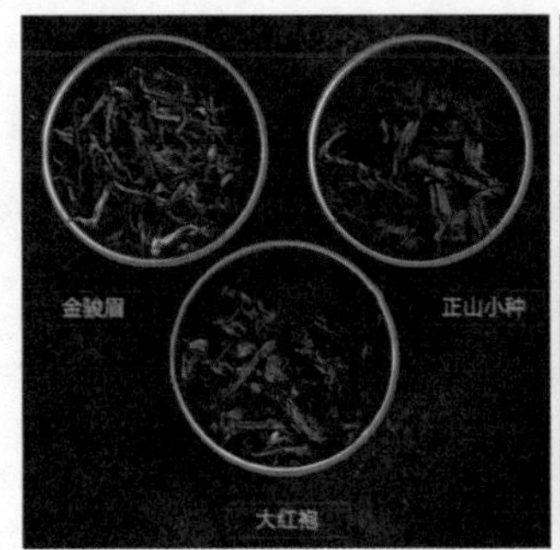

图 6-2-2 电商平台上的两款茶叶宣传主图

知识学习

1. 像素

通过数码相机拍摄所得到的图像（数码照片）都是位图，它是由若干连续且具有不同颜色和亮度等属性的点组成的。这些点就是像素，每个像素都有特定的位置和颜色值。数码照片及放大后的局部如图 6–2–3 所示。

图 6–2–3 数码照片及放大后的局部

2. 分辨率

分辨率，又称解析度，它决定着位图图像的清晰程度。可以细分为显示分辨率、图像分辨率、打印分辨率等。

显示分辨率是指图像在显示器显示时的分辨率，通常表示为“水平像素量 × 垂直像素量”。如某图像显示分辨率为 1920×1080，即表示该图像水平方向有 1920 个像素，垂直方向有 1080 个像素。实际使用中常用显示分辨率来表示图像显示大小。

图像分辨率是指每平方英寸（1 英寸 =2.54 厘米）图像中包含多少个像素点，单位为 PPI，即每平方英寸上的像素数量。图像的 PPI 值越高其单位面积的像素点就越多，画面细节就越丰富。

打印分辨率是指打印设备每平方英寸所能打印的点数，用于描述打印设备的输出精度，单位为 DPI，即每平方英寸最多能打印的点数。

探究活动

不同分辨率的图片其占用空间大小是否相同？请你通过网络下载不同分辨率的图片对其文件大小进行对比，并填写表 6–2–1。

表 6–2–1 不同分辨率图片文件大小对比

图片序号	图片分辨率	图片文件大小
1	1280×720	
2	1920×1080	
3	3840×2160	

3. 图像格式

图像格式，即图像文件存放在存储器上的格式。同样的图像内容采用不同的压缩方式可保存为不同的格式，但不同格式的文件大小、显示效果是不一样的。不同的图像格式有着各自的特点，使用时根据需求合理选择。常见图像格式及特点如表 6–2–2 所示。

表 6–2–2　常见图像格式及特点

格式类型	扩展名	特点
BMP	.bmp	计算机中常用的位图文件，采用无损压缩，图像不失真，但文件体积庞大
GIF	.gif	采用 LZW 算法的连续色调无损压缩格式，压缩率为 50%，支持透明颜色、动画和渐显，但无法存储大于 256 色的图像
JPEG	.jpg/ .jpeg	第 1 个国际图像压缩标准，通过有损压缩的方式去掉冗余数据（如噪点），用最小的磁盘空间存储高质量的图像，但压缩比过高时图像失真严重。支持 CMYK、灰度和 RGB 模式，支持 24 位真彩色，压缩比可调
PNG	.png	可移植网络图形，主流的 WEB 图像格式，无损压缩，支持透明和交错技术
TIFF	.tif/ .tiff	主要用于存储高精度图像，色彩保真度高。可跨平台使用，且支持多种图像模式、支持 Alpha 通道、支持多种压缩编码
PSD	.psd	Photoshop 软件专用格式，可分层存储图像信息，但支持软件较少
RAW	.raf/ .crw/ .arw/ .dng	被称为“数字底片”，是将 CMOS 或者 CCD 捕捉到的光源信号转化为数字信号的原始数据。不同相机产生的扩展名不同。后期调整空间大，图像深度高，但文件体积庞大，支持软件较少

4. 拍摄构图与快门速度

图像获取的常用途径包括拍摄、扫描、绘制、截图、下载等。基于版权保护和对图像质量的要求，对于真实环境图像的获取常采用拍摄的方式。拍摄的工具可以是数码相机，也可以是手机、无人机等设备，如图 6–2–4 所示。随着手机硬件性能的提升，其拍摄的图像质量也在不断提高，且因其携带方便、使用便捷，已然成为使用频率最高的拍摄工具。

（a）

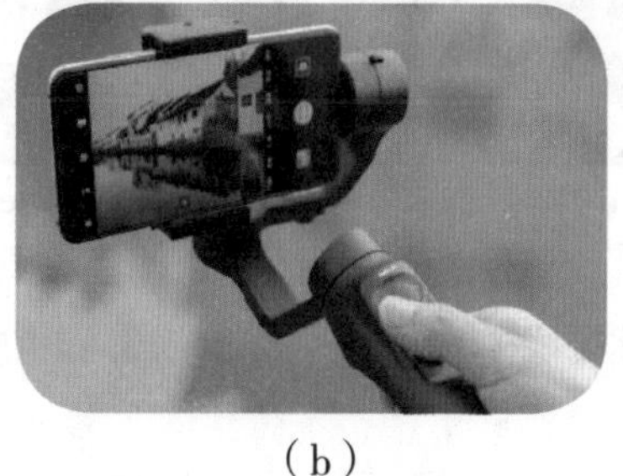

（b）

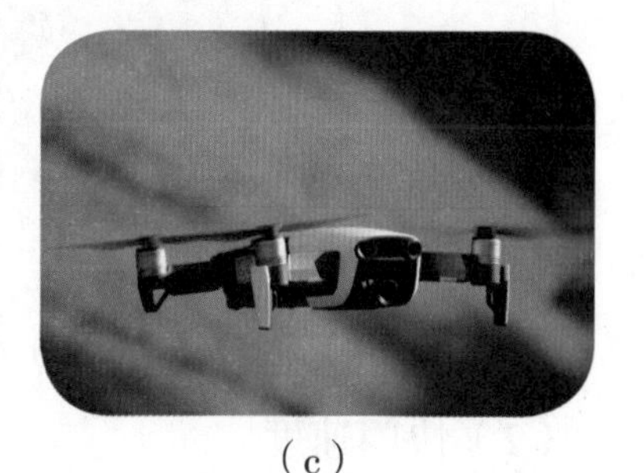

（c）

图 6–2–4　常用拍摄设备

（a）数码相机；（b）手机；（c）无人机

（1）拍摄常用构图法

构图的作用在于利用画面中的线条、光影、前景、背景等元素进行组合搭配，并遵循一定的规律和章法表现拍摄主题。

①九宫格构图，即将画面长、宽各均分为 3 份形成 9 个小格子，分割线的交叉点被称作趣味中心，拍摄时常将主体置于趣味中心上，如图 6–2–5（a）所示。

②水平线构图。以水平线作为构图参考，用于表现平衡、稳定、安静的意境，多用于宽阔场景的表现，如图 6–2–5（b）所示。

③对角线构图，也称斜线构图。将要拍摄的对象放置于画面的对角线或与对角线平行的斜线上，使得画面更具动感、生机且主体突出，如图 6–2–5（c）所示。

④中心点构图。将主体置于画面中心，以突出对象，常用于人物或某一物体的特写拍摄，如图 6–2–5（d）所示。

⑤垂直线构图。使用竖直线条作为构图参考，用于表现挺拔、坚韧的意境，常用于表现具有纵深感的场景，如图 6–2–5（e）所示。

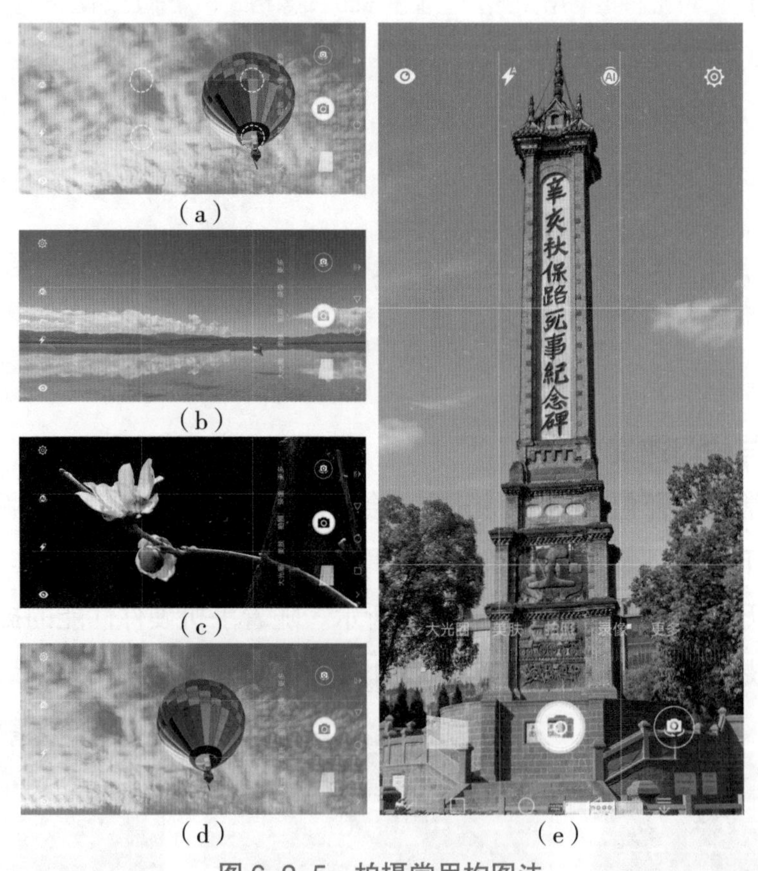

图 6–2–5　拍摄常用构图法

（a）九宫格构图；（b）水平线构图；（c）对角线构图；（d）中心点构图；（e）垂直线构图

（2）快门速度

快门是照相机中控制曝光时间长短的装置，它是决定成像效果的主要因素之一。在其他参数相同的情况下，快门速度越大，曝光时间越短，画面越暗；快门速度越小，曝光时间越长，画面越亮。常用快门速度从大到小有 1/2 000 秒、1/1 000 秒、1/500 秒、1/250 秒、1/125 秒、1/60 秒、1/30 秒、1/8 秒、1 秒、2 秒、4 秒等。高速快门适合拍摄运动对象（如奔跑的人），慢快门适合拍摄光线较暗环境中的对象（如星空）。

5. 常用图像处理软件

图像处理的常见操作包括调整尺寸及画面比例、画面修饰美化、添加文字信息、格式转换等。移动终端常使用醒图、美图秀秀、泼辣修图、Snapseed 等软件，计算机平台多使用美图秀秀、光影魔术手、Adobe Photoshop 等软件，在实际操作中往往会根据需要灵活选择单个或多个工具配合使用，以实现更好的效果。常用图像处理软件如图 6-2-6 所示。

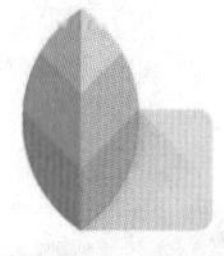

图 6-2-6　常用图像处理软件

探究活动

请通过网络搜索图6-2-6中的常用图像处理软件，了解他们的应用场景及优缺点。

实践操作

1. 需求分析

小小了解到舅舅计划在京东、淘宝、微信朋友圈等平台及借助 H5 网页工具销售和宣传茶叶，在调查了上述平台对图片的规格要求后，制作了简单的用户需求表（表 6-2-3），并拟定了拍摄场景、图像素材用途和图片制作风格。

表 6-2-3　用户需求表

目标平台	京东 ☑　淘宝 ☑　微信朋友圈 ☑		
图片风格	淡雅		
拍摄场景	要求	用途	规格
茶园风光	展现茶园全貌	商品描述中的产品意境图	产品描述意境图分辨率水平为 750 像素，垂直像素根据实际情况自定；产品主图、朋友圈宣传图分辨率为 800×800；H5 网页背景分辨率为 640×1 235
茶树	垂直构图，突出嫩芽	产品主图、朋友圈宣传、H5 网页背景	
采茶	展现动态采茶瞬间	产品主图、朋友圈宣传、H5 网页背景	
茶叶	按 1 ：1 比例，静态特写茶叶	产品主图、朋友圈宣传、H5 网页背景	
冲泡茶叶	展现茶叶冲泡的动态及茶汤	产品主图、朋友圈宣传、H5 网页背景	

2. 采集图片

本次拍摄小小选择手机作为拍摄工具，根据需要分析，结合恰当的构图方法，对需求中的场景分别进行拍摄。

（1）拍摄茶园风光

使用手机横屏拍摄，采用水平线构图，使天空、远山、茶园各占画面 1/3，使画面看起来更具空间感，如图 6-2-7 所示。

图 6-2-7　用水平线构图拍摄茶园

（2）拍摄茶树近景

利用垂直线构图，将茶树树枝和树尖嫩芽一起拍进画面。为使画面更协调，将树尖嫩芽放在了九宫格的交叉点附近，把树枝放在了右侧参考线附近，使主体更加突出，如图 6-2-8 所示。

（3）拍摄采茶特写

近距离拍摄采茶时手部的动作瞬间，采用斜线构图与九宫格构图相结合的方法，使画面看起来更具动感，并且主体突出，如图 6-2-9 所示。

图 6-2-8　用垂直线构图拍摄茶树近景

图 6-2-9　用斜线构图与九宫格构图相结合拍摄采茶特写

（4）拍摄茶叶静态特写

舍弃其他复杂的背景装饰，用竹制茶盘装满茶叶成品，以 1：1 的拍摄比例采用中心点构图，使局部布满画面，以便更好地展示细节，如图 6–2–10 所示。

（5）拍摄冲泡特写

由于冲泡茶叶时，茶叶在水的冲击下会漂浮、晃动起来，为了避免茶叶细节出现模糊，将手机相机设置为专业模式，并将快门速度设定为 1/200 秒，如图 6–2–11 所示。

图 6–2–10　用 1：1 中心点构图拍摄茶叶特写

图 6–2–11　1/200 秒快门拍摄冲泡瞬间

由于快门速度设置较大，曝光时间短，画面整体偏暗，但可以通过后期调色进行修正。

3. 美化图片

在整理照片时发现有两张照片存在瑕疵，茶叶静态特写图片的右上角有杂物、冲泡瞬间图片曝光不足，需要进行修复。

（1）修补图片

图片的修补主要包括补齐缺失部分和清除多余内容，其原理是利用相似内容填充修补区域。常用图像处理软件都具备该功能，如美图秀秀的消除笔工具，Adobe Photoshop 的仿制图章、修复画笔、修补工具等。

利用美图秀秀软件中的“美化图片”功能打开图片“茶叶静态特写 1.jpg”，使用“消除笔”工具，适当调节“画笔大小”后涂抹需要修复的区域即可，如图 6–2–12 所示。

图 6-2-12　修补图片

为便于查询和管理，修补好的图片保存命名的方式可为“日期 _ 主题 _ 操作类型 _ 操作者 .jpg”，如该图名称为“20210310_ 茶叶静态特写 1_ 去杂物 _ 小小 .jpg”，后续图片命名均可采用此方式。

（2）调节画面明暗

由于“冲泡瞬间 .jpg”这张图在拍摄时使用了 1/200 秒的高速快门，从而导致曝光不足，使得画面看起来整体偏暗。为解决这一问题，可以通过调整图片曲线的方法使画面变得明亮，但值得注意的是图片整体提亮的同时需防止亮部过曝。

曲线“属性”面板中（以 Adobe Photoshop 为例），一条斜线将其分为左上、右下两个部分，将曲线往左上方拉就是提亮，往右下方拉就是压暗。从左至右的 4 × 4 方格分别表示阴影、暗调、亮调和高光，如图 6-2-13 所示。

经过分析发现，该图暗部细节较弱，玻璃水壶和茶杯略微偏暗不够通透，茶杯中的茶叶亮度不够，需使用曲线工具提亮“暗调”，并将“亮调”略微回调以防止亮部过曝。调整过程及效果对比如图 6-2-14 所示。

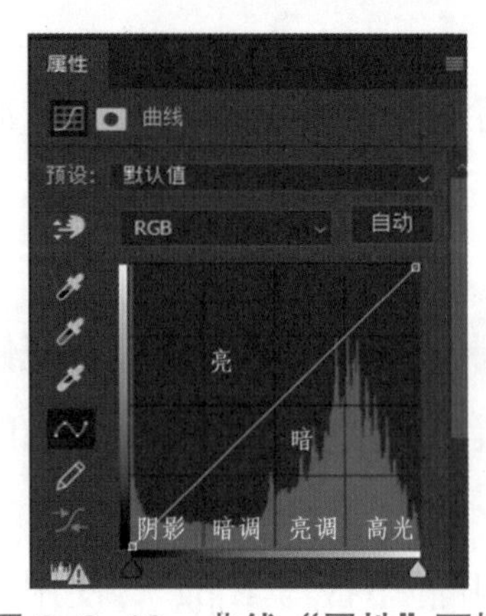

图 6-2-13　曲线“属性”面板

图 6-2-14　调整图片曲线及前后效果对比

4. 制作产品主图

产品主图（也称商品主图）能帮助访客第一时间了解产品，也可以用于微信朋友圈、H5 网页等做产品展示。其画面比例通常为 1 : 1（即高宽相等），分辨率为 800 × 800，内容可以为展示产品全貌、产品特写或产品特色等。

（1）裁剪图片

利用美图秀秀软件中的“美化图片”功能打开图片“采茶动态 .jpg”，并启用“裁剪”工具。将裁剪框大小选择为“电商”→“产品主图 800 × 800”，拖动裁剪框到合适位置并单击“应用当前效果”按钮即可，如图 6-2-15 所示。

图 6-2-15　裁剪图片

（2）添加文字

选择美图秀秀软件“文字”功能中的“输入文字”工具，拖动操作区的文字框到合适位置，并通过拖动控制点调整文字大小，在“文字编辑”对话框中输入“明前”，在“基础设置”中选择合适的字体、颜色并设置为竖排，在“高级设置”中给文字添加阴影效果。以同样方法添加文字“春兰”，完成后保存为 JPG 或 PNG 格式即可，如图 6-2-16 所示。

图 6-2-16　添加文字

重复上述步骤完成其他主图的制作，为保证风格统一应采用相同裁剪尺寸和文字属性。

5. 制作朋友圈宣传图

微信朋友圈除了发布个人动态外，还可以用于产品展示，目前最多只能发布 9 张图片，恰当的排列图片有利于吸引大家的关注，而九宫格排列就是最常见的一种方法。九宫格图片的制作可直接使用微信小程序来实现。

将计算机上处理好的产品主图传送到手机，在微信小程序中搜索“九宫格”，选用一款切图小程序，选择“切图”选项并添加原始图片到小程序中，即可预览切图效果，保存后的九宫格素材图片会出现在手机相册中，如图 6-2-17 所示。

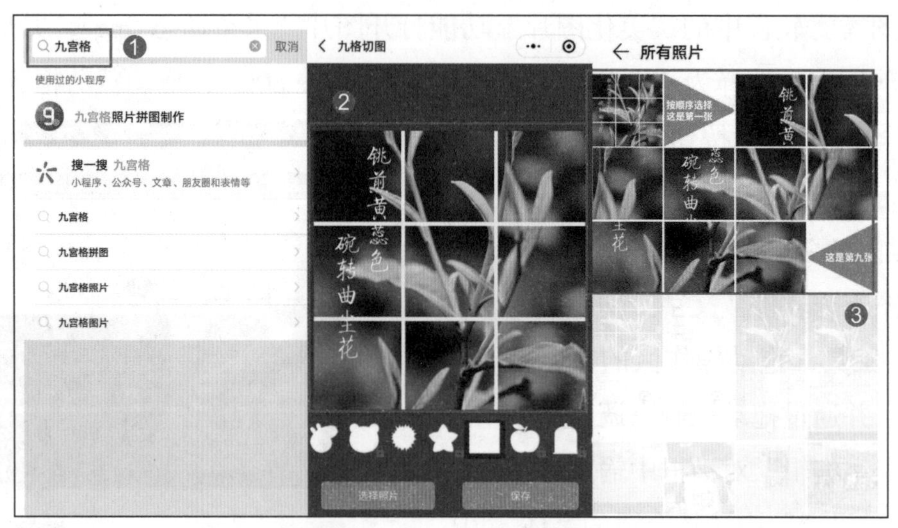

图 6-2-17　九宫格切图

6. 制作 H5 网页背景图

H5 网页的制作工具可以基于移动终端 APP，如易企秀、MAKA 设计等，也可以基于计算机网页浏览器，如 MAKA、易企秀、百度 H5 等。在此以 MAKA 平台的网页版制作为例，该平台默认尺寸为 640 × 1 235。而原图“茶树近景.jpg”尺寸为 3 000 × 6 333，远大于系统要求的尺寸，所以需要利用工具将其尺寸裁剪为 H5 网页页面尺寸大小，为保留更好的画质，需将其保存为 PNG 格式。

首先将图片尺寸的宽度调整为 640，且勾选“锁定长宽比例”复选框，然后利用“裁剪”工具将其尺寸裁剪为 640 × 1 235，最后修改文件名为“茶树近景_640 × 1 235_小小_调整大小”，文件类型为 PNG，保存即可，如图 6-2-18 所示。

图 6-2-18　调整图像尺寸并转换格式

自我评价

请根据自己的学习情况完成表 6–2–4，并按掌握程度填涂☆。

表 6–2–4　自我评价表

知识与技能点	我的理解（填写关键词）	掌握程度
像素与图像的关系		☆☆☆
分辨率含义		☆☆☆
图像格式的类型		☆☆☆
拍摄常用构图法		☆☆☆
修补图片和调整画面明暗方法		☆☆☆
图像处理的常用操作		☆☆☆
收获与心得		

举一反三

图片“茶叶静态特写 2.jpg”（图 6–2–19）的左边存在瑕疵且曝光过度，请你使用图文处理软件帮小小完成修补、调色并配上文案“一叶虽小，融人生百态”。

图 6–2–19　左边有瑕疵且曝光过度

任务3 制作人声解说

视频中的人声旁白有利于提高观众对视频内容的理解程度，有利于提升视频的意境。根据计划，小小为舅舅制作的短视频需要一个浑厚且标准的男声作为旁白配音，但小小却找不到满足要求的真人人声，因此决定利用计算机语音合成技术模拟人声，制作人声旁白解说。

感知体验

剪切一段歌曲中的片段作为手机铃声，并不需要使用专业的软件，很多在线平台就提供了这些功能。网络搜索“在线音频剪辑器”，无须安装任何软件就可实现，如图6-3-1所示。试着用自己喜欢的歌曲制作一段30秒左右的手机铃声，并以FLAC格式保存至手机。

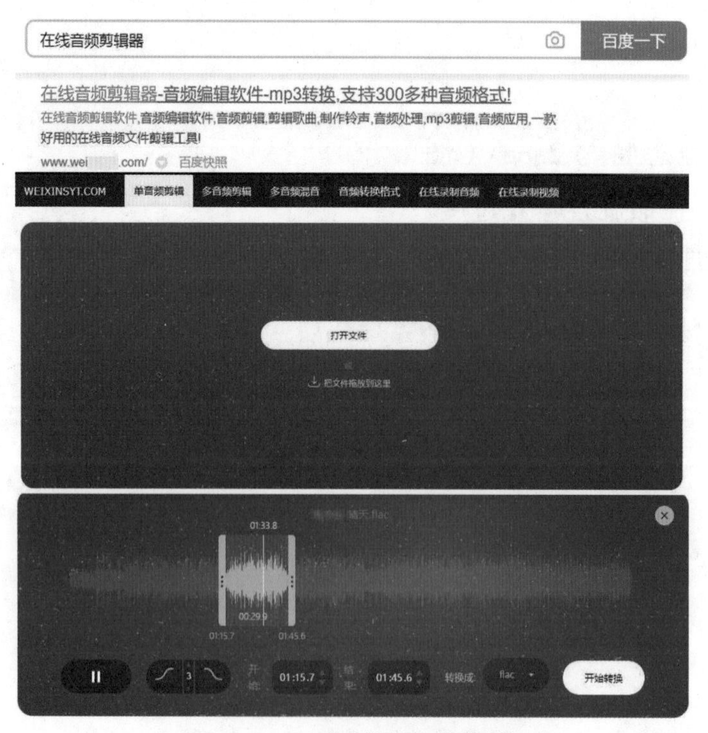

图6-3-1 在线音频剪辑器

知识学习

1. 音频编码

数字化音频即用数字编码的方式记录声音信息，不同的编码方式记录的准确性（音质）有着较大的差别。

PCM（Pulse-Code Modulation，脉冲编码调试）编码代表了数字音频的高保真水平，采用这种编码方式的音频可无限接近自然界中的原声，通常称之为无损音频。由于 PCM 编码记录了大量的信息，所以采用 PCM 编码的音频文件体积较大。常见的无损编码方式有 FLAC、WAV、APE 等。

由于无损音频的体积太大，不利于传播，于是就有技术通过过滤掉人耳不易察觉的声音频率来提高压缩比，以减小文件体积。这种经过压缩的音频就属于有损音频。常见的有损压缩编码方式有 MP3、ACC 等，ACC 较 MP3 采用了更优的算法，在提供更高压缩比的同时还提升了音质。

2. 音频采样频率

音频采样频率也叫音频采样率，是指每秒钟采集的音频信号样本数据的次数，其单位是赫兹（Hz）。同等情况下，采样率越高，信号记录越精确，音质就越高，44 100 Hz（44.1 kHz）是 CD 音频较多采用的采样率，48 000 Hz（48 kHz）则多用于数字电视、电影或专业音频作品。

3. 比特率

音频中的比特率是指单位时间内的二进制数据量。最直观的表现就是同等条件下，音频比特率越高，音质就越好，文件体积也越大。目前 128~160 kbit/s 的音频就已经具有较高的音质，而高于 192 kbit/s 的音频则属于高质量音频。用于网络传播的音频考虑到音质与传输效率的平衡，常采用 128 kbit/s 的比特率。

4. 音频格式

音频文件常用不同的算法对音频数据进行压缩、封装，使其得以保存、传播。这些由不同的算法生成的文件具有不同的格式，见表 6-3-1。

表 6-3-1 常见音频格式

格式类型	扩展名	内容
CD 音频格式	.cda	近似无损，具有较高的声音品质。而它只是一个大小为 44 字节的索引文件，无法直接复制使用
WAV	.wav	微软公司开发的一种声音文件，能被 Windows 平台及其应用软件广泛支持，音质与 CD 接近，但文件体积较大
MP3	.mp3	利用 MPEG Audio-Layer3 编码保留低频部分，减少高频部分，从而减小文件体积，压缩比可达 10 ： 1

续表

格式类型	扩展名	内容
ACC	.acc	高级音频编码的缩写，支持 48 个音轨，压缩比约为 18 ∶ 1，音质优于 MP3
FLAC	.flac	目前广泛应用的无损音频压缩格式，具有跨平台的兼容性
WMA	.wma	音质强于 MP3，压缩比高达 18 ∶ 1，可以提供版权保护以防止拷贝

5. 常用音频处理软件

音频处理的常见操作包括降噪、变调、剪辑、混音、格式转换等。移动终端常使用音频剪辑大师、音频编辑器等软件，计算机平台可使用 GoldWave、Adobe Audition 等软件，也可以使用轻量化的网页版工具，如图 6-3-2 所示。

音频剪辑大师

音频编辑器

GoldWave

Adobe Audition

图 6-3-2 常用音频处理软件

探究活动

请通过网络搜索图 6-3-2 中的常用音频处理软件，了解他们的应用场景及优缺点。

实践操作

人工智能技术可以实现文字到语音的转换，而且这种转换的发音效果越来越自然，甚至可以媲美真人发音。

使用在线文字转语音平台实现语音的合成，再利用在线录音机录制该声音并导出。

1. 制作旁白

（1）录入文案

通过搜索引擎搜索“在线文字转语音”→“在线配音网”，打开站点后在文本域输入文案“一杯春露暂留客，两腋清风几欲仙。蒙顶山的茶，采自明前，气味清香宜人，口感醇滑甘润。”如图 6-3-3 所示。

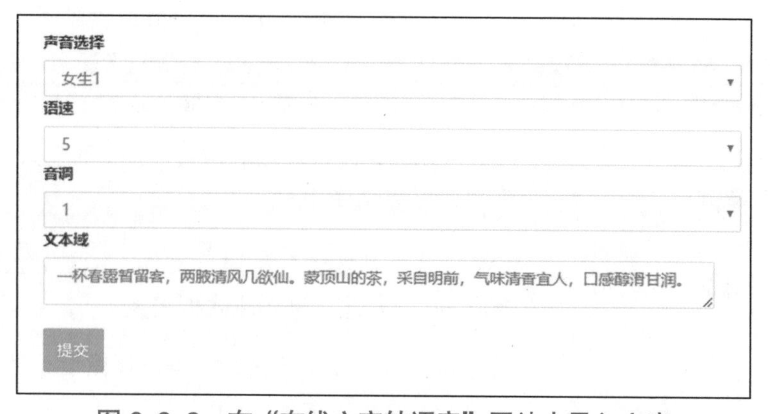

图 6-3-3 在“在线文字转语音”网站中录入文案

（2）调整参数并试听

将声音选择设置为“男生 3”，语速设置为“3”，音调设置为“3”，单击“提交”按钮即可试听，也可返回后修改参数直至满意，如图 6-3-4 所示。

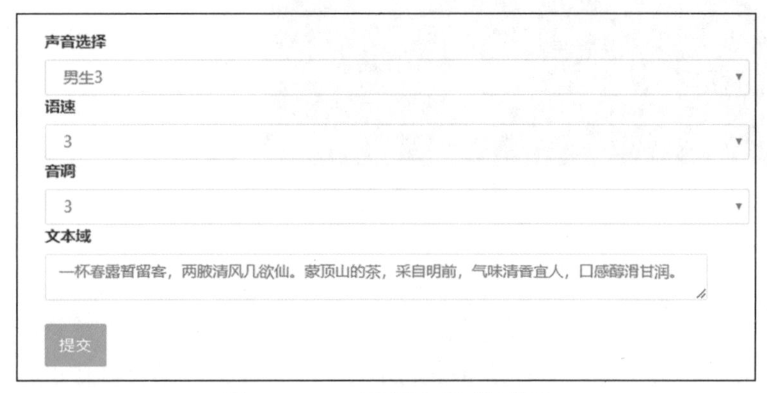

图 6-3-4　设置参数并试听

（3）设置计算机音频参数

为了能够录制系统声音，需要修改系统声音参数设置。用鼠标右键单击“任务栏”右下角“音量”图标，选择“声音（S）”选项，在弹出的窗口中选择“录制”选项卡，启用“立体声混音”，禁用“麦克风阵列”以实现录制系统声音，而不录制麦克风声音，从而减少干扰，如图 6-3-5 所示。

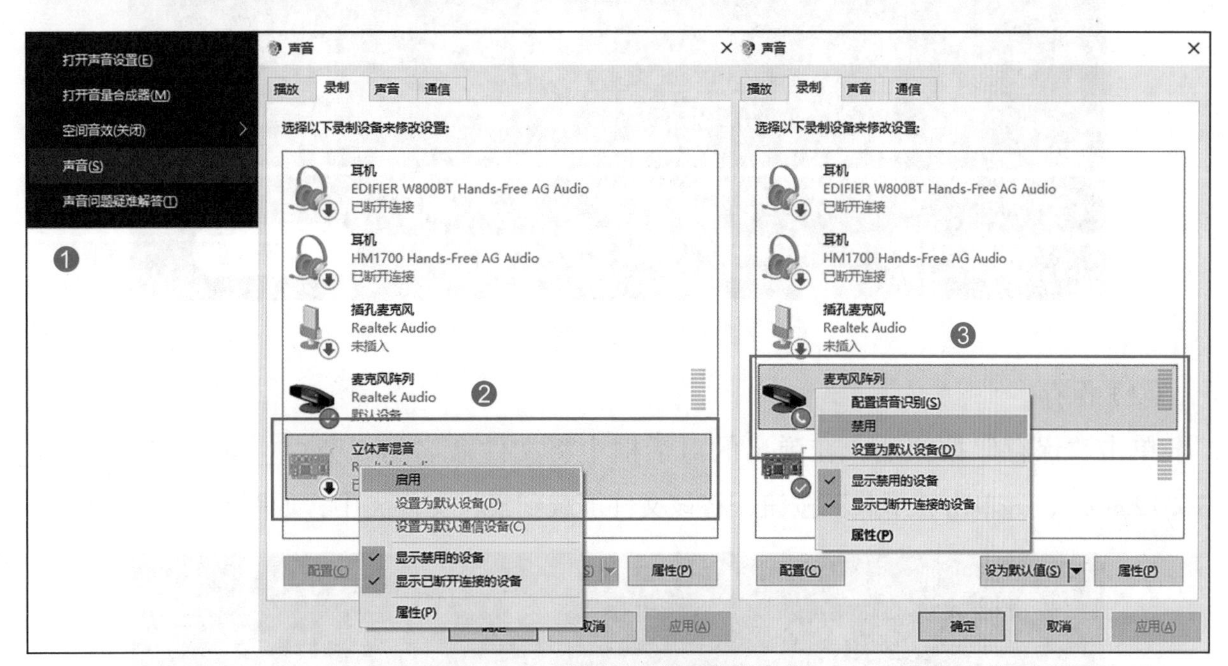

图 6-3-5　设置计算机音频参数

（4）录制旁白

打开在“感知体验”中使用过的“在线音频剪辑器”网站，切换到“在线录制音频”功能，单击按钮开始录制。切换到“在线文字转语音”网站，单击“提交”按钮播放转换结果，待播放完毕后单击按钮停止录制，如图 6-3-6 所示。

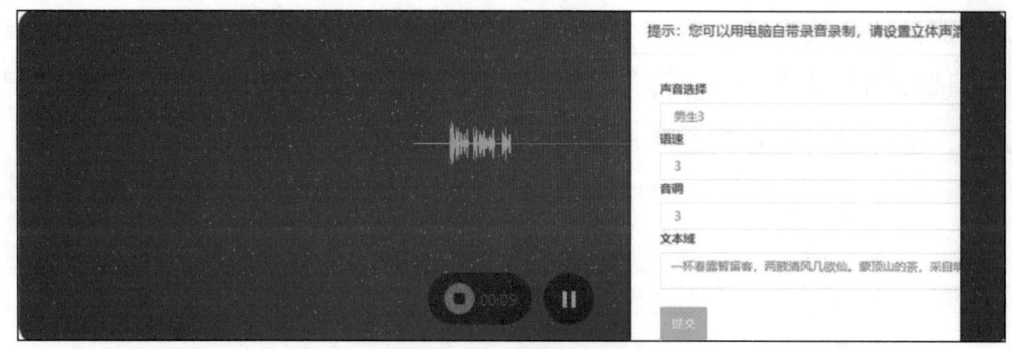

图 6-3-6　录制旁白

文字转语音是目前较为主流的一种语音合成方式。除了在线网站，微信小程序也可以便捷地实现文字转语音。

2. 剪辑声音

（1）剪辑声音

旁白录制完毕后，将前面的剪辑滑块拖动到声音的开始处，将后面的剪辑滑块拖动到声音的结束处，如图 6-3-7 所示。

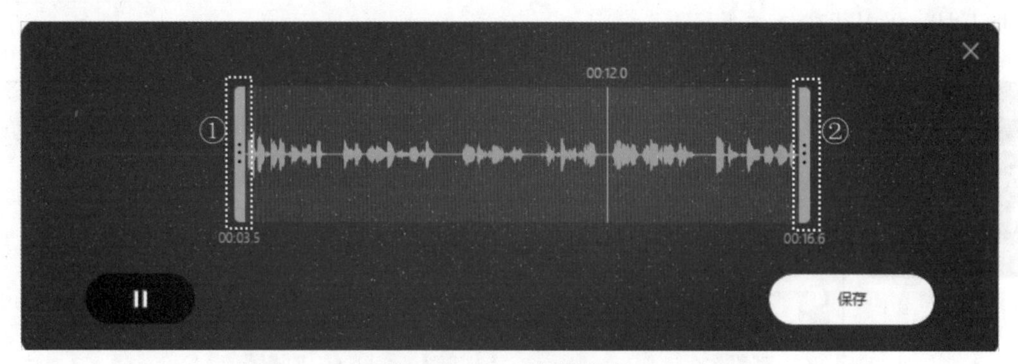

图 6-3-7　剪辑声音

（2）保存

单击“保存”按钮后，在弹出的对话框中将文件命名为“旁白 _14s_ 合成 _ 小小 _ 210312.mp3”，并单击“下载”按钮，将该文件下载到素材文件夹中，如图 6-3-8 所示。

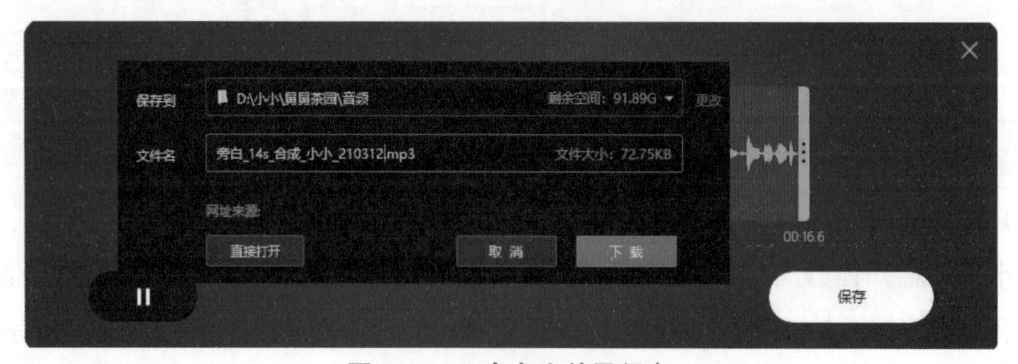

图 6-3-8　命名文件及保存

3. 格式转换

下载的录音文件默认为 MP3 文件，虽然 MP3 有很强的通用性，但为了在更多场景使用该音频，需将其转换成 WAV 文件以备用。

启用“格式工厂”软件的“音频”转换功能，选择“->WAV”功能，将音频文件“旁白_14s_合成_小小_210312.mp3”添加到软件中，在“输出配置”中设置音频参数，配置完成后返回到主界面按▶进行转换即可，如图 6-3-9 所示。

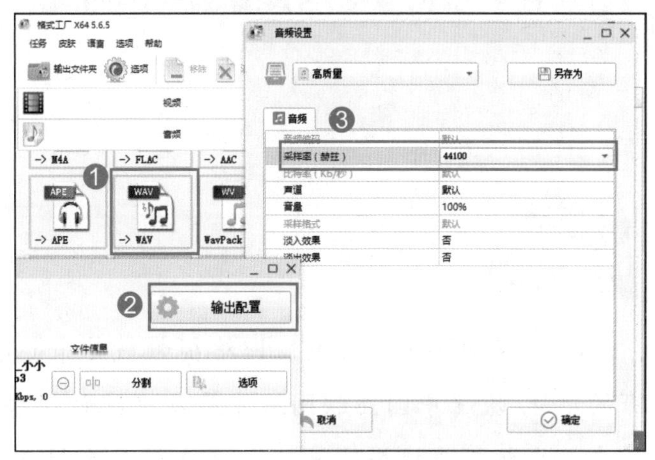

图 6-3-9　音频格式转换

请根据自己的学习情况完成表 6-3-2，并按掌握程度填涂☆。

表 6-3-2　自我评价表

知识与技能点	我的理解（填写关键词）	掌握程度
常见无损、有损音频格式		☆☆☆
语音合成方法		☆☆☆
常用音频格式及特点		☆☆☆
主流音频参数		☆☆☆
收获与心得		

撰写一篇 50 字左右的短文介绍你的学校或你的专业，并将短文利用语音合成技术制作成语音与大家分享。

任务 4 制作短视频

随着移动终端的普及，网络视频被越来越多的人所喜爱。中国互联网络信息中心发布的第 47 次《中国互联网络发展状况统计报告》显示，网络视频用户规模已达 9.27 亿，其中短视频用户规模达 8.73 亿。在带动乡村旅游，推动农产品销售等方面，短视频发挥了积极作用。为拓展舅舅家茶叶的宣传渠道，小小决定利用短视频平台来推广。

制作短视频前，需要了解视频、视频发布平台及视频制作软件相关知识，然后对视频素材进行筛选和重新剪辑，然后加入背景音乐和人声旁白。制作的短视频分镜头效果如图 6-4-1 所示。

图 6-4-1 短视频分镜头效果

感知体验

逐梦星辰大海

航天工业发展是国家实力的体现，我国航天事业历经 60 多载的发展已经进入世界领先行列，实现了从零到一的突破，从一到二的发展，从二到三的跨越。探月工程“嫦娥”、全球定位系统“北斗”、“天和”号空间站核心舱发射、暗物质粒子探测卫星“悟空”、行星探测任务“天问”、运载火箭“长征”系列……中国人把航天梦藏在了这些浪漫的名字里。

通过短视频平台搜索“中国航天”，感受大国重器，了解更多我国航天科技发展，体会其叙事方式和拍摄风格。

知识学习

1. 视频与短视频

前已述及，视频其实就是动态的二维图像，是若干幅随时间变化而连续变化的画面。短视频是指在各种平台上播放的、适合在移动状态和短时闲暇状态下观看的、高频推送的视频内容，时长从几秒到几分钟不等。

2. 常用术语

帧： 视频是连续播放的静态画面，这些静态画面中的每一幅就被称为一帧。

帧速率： 也叫作帧频、帧率，指每秒播放的帧的数量，单位是帧 / 秒或 f/s。帧速率越高，画面越流畅。

数据速率： 也叫码率、码流，指每秒视频文件所使用的数据流量，单位是 kbit/s。它影响着画面质量，同等条件下码流越大画面越清晰，反之亦然。

扫描： 将视频信号传送至显示设备时，需要一行一行地传送。逐行扫描（p）即从上到下依次扫描；隔行扫描（i）则是先扫描奇数行，再扫描偶数行，所以需要扫描两次。

视频分辨率： 指视频图像在一个单位尺寸内的精密度，视频的分辨率与像素密不可分。如某视频分辨率为 720P，即表示该视频的扫描方式为逐行扫描，分辨率为 1 280 × 720 像素（水平方向有 1 280 个像素，垂直方向有 720 个像素）。

转场： 视频片段中不同场景的切换称为转场。转场分为无技巧转场和技巧转场，无技巧转场多采用镜头的自然过渡来连接前后两个场景，技巧转场则是用叠化、闪黑、泛光等特效连接前、后两个区别较大的场景。

视频编辑： 是指用硬件或软件对视频源进行再加工，分为线性编辑和非线性编辑。线性编辑多采用多台显示器、多台播放设备、多台录制设备组合的方式来进行，成本高、速度小。而非线性编辑则是采用软件对数字化视频源进行编辑，降低了设备的依赖性，提升了工作效率，提高了编辑质量，使得普通人也能使用家用计算机或移动终端实现视频编辑。

封装与压制： 由于视频多带有声音、图像和字幕等信息，封装是将这些原始信息集中在一起，但并不合成，而压制则是将它们合成为一个整体。

3. 景别

景别是指拍摄设备与被拍摄对象的距离不同所造成的被拍摄对象在画面中呈现的范围大小的区别。一般来讲景别由远到近可分为远景、全景、中景、近景和特写 5 种，如表 6–4–1 所示。

表 6–4–1 5 种景别

景别	特点	作用	拍摄注意
远景	表现开阔空间、反映景物全貌、主体藏匿其中	交代环境氛围，也可作为开头或结尾	固定镜头拍摄或缓慢运动拍摄
全景	表现人物全身或某一具体场景	场景拍摄的主要镜头，可表现多个对象间的关系	分清拍摄对象间的关系，切忌喧宾夺主
中景	表现人物膝盖以上或场景的局部画面	突出人物上半身的动作，有利于突出人物形象，常用于叙事性画面	拍摄对象始终应处于画面的结构中心
近景	表现人物胸部以上或被摄对象的主要功能区域，环境空间被淡化	表现人物面部神态或情绪，具有指向性，引导观众视觉中心	通常情况下拍摄主体只有 1 个，且镜头对焦要清晰
特写	表现人物肩部以上的头像或者被摄对象的细节	拍摄人物或对象具有表现力的细节部分，因其分割了对象和环境，故可用于转场	表现场景时一般不单独使用，构图要饱满，对焦要清晰

4. 视频制作规范

短视频作为音像制品应遵守国家的相关法律法规，根据《互联网试听节目服务管理规定》和《网络试听节目内容审核通则》规定，视频中出现的文字、语言、符号等要符合国家的相关标准和规定。

从作品观赏的角度来看，要求画面连续、声话同步、画面清晰等，要求声音无杂声、无明显失真、无忽大忽小等。

为平衡观看效果与网络传输质量，短视频的一般要求是：片头、片尾不宜过长，帧频多为 25 帧 / 秒或 30 帧 / 秒，视频码流为 1 024~2 500 kbit/s，音频采样率一般为 44.1 kHz，通常采用 MP4 或 FLV 封装。

5. 视频格式

为了便于视频的存储和传播，需要对视频进行编码压缩。采用不同编码方式生成的文件，其格式、压缩比、播放质量、文件大小也是不同的，见表 6–4–2。

表 6-4-2　常见视频格式

格式类型	扩展名	内容
AVI	.avi	Windows 系统通用的视频格式，图像质量好，可跨平台使用，但文件体积较大
WMV	.wmv、.asf 等	文件体积小，适合于在线播放和传输，且有利于版权保护
MPEG	.mp4、.mpeg、.mpg、.3gp 等	具有较高的压缩比，常用于网络传输，有 MPEG、MPEG-2、MPEG-4 多个版本。目前 MP4 多采用 H.264 编码方式编码，而更优的 H.265 也逐渐普及
MOV	.mov	苹果公司创立的一种视频格式，从最开始只支持 MAC 平台到现在已发展到支持 Windows 等多平台
FLV	.flv	一种流媒体视频格式，压缩率极高。2020 年 12 月 31 日，Adobe 停止 Flash Player 更新服务后，FLV 视频的未来将何去何从还未可知
MKV	.mkv	一种开放的多媒体封装格式，可在一个文件中容纳无限数量的视频、音频、图片或字幕轨道，文件体积较大

6. 常用视频处理软件

视频处理的常见操作包括剪辑、变速、添加特效、添加字幕、添加音频、格式转换等。移动终端常使用剪映、美绘、快影、来画等软件，如图 6-4-2 所示；计算机平台可使用剪映、Adobe Premiere、会声绘影、EDIUS、Camtasia 等软件，如图 6-4-3 所示。

图 6-4-2　常用移动终端视频处理软件

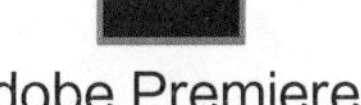

图 6-4-3　常用计算机平台视频处理软件

实践操作

1. 确定主题

短视频虽短，但它应该具有一定的叙事性，所有的分镜头场景都应与故事主线匹配。小小规划了图 6-4-4 所示的故事主线。

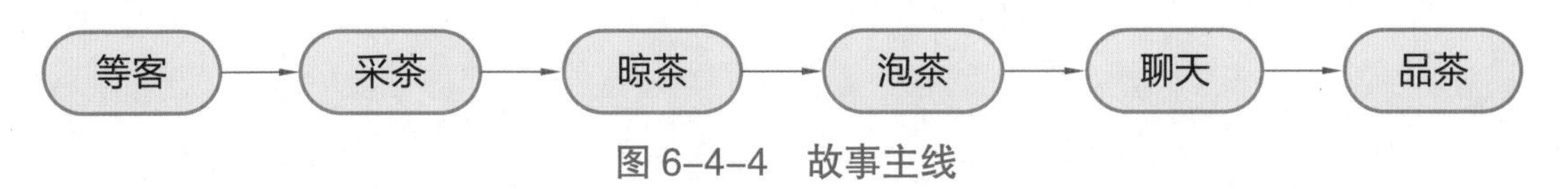

图 6-4-4　故事主线

2. 编写脚本

在确定完需要表现的故事主线后，需要编写分镜头脚本（表 6–4–3）对每个镜头场景的细节进行描述，以便拍摄和编辑时有据可依。

表 6–4–3　分镜头脚本

镜头场景	场景名称	景别	画面	时长 / 秒
1	等客	中景	主人坐在茶桌旁等待客人	1
2	采茶	特写	采茶时手部的特写，将茶装入茶篓	2
3	晾茶	近景	将茶从茶篓倒出晾晒，用手铺开	2
4	泡茶	特写	摆杯、放茶、冲水、茶汤	4
5	聊天	中景	主人与客人分坐茶桌两边聊天	2
6	品茶	特写	客人品茶	4

3. 准备素材

借助之前拍摄照片时的经验，小小严格按照脚本的规划，完成了视频素材的拍摄，再将这些素材导入计算机中进行分析整理（图 6–4–5），然后按照每段素材的主题对素材进行重命名并备注视频素材的时间长度，如图 6–4–6 所示。

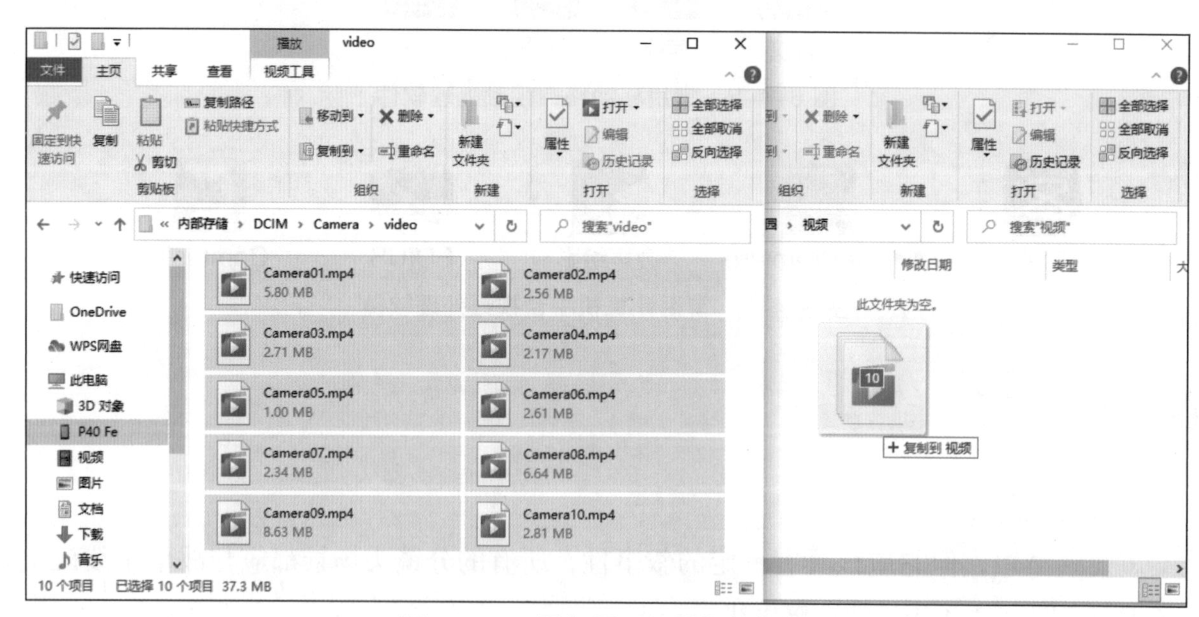

图 6–4–5　导入用手机拍摄的视频

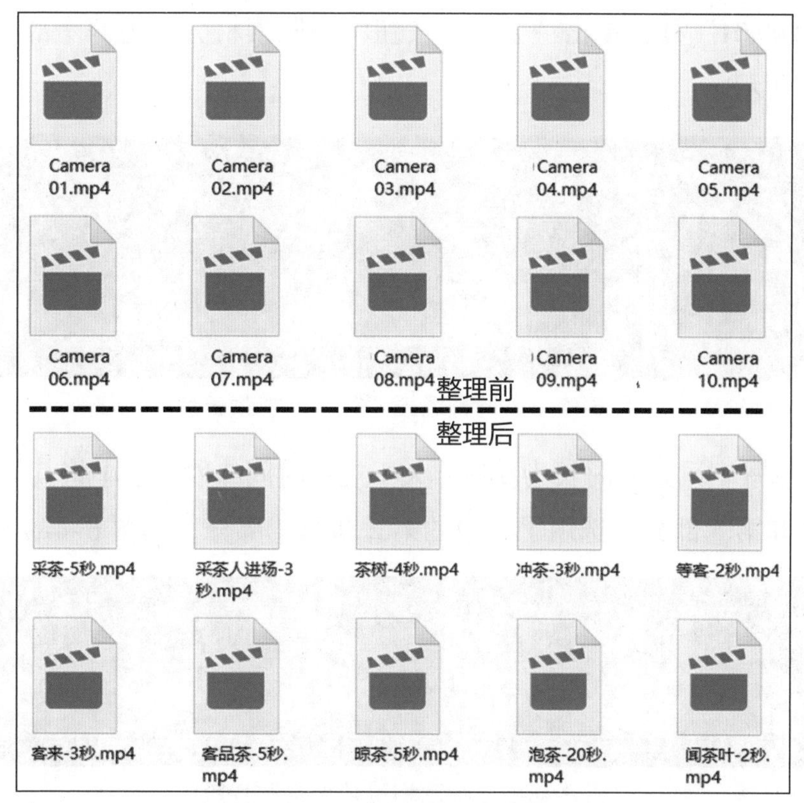

图 6–4–6　整理并重命名素材

4. 剪辑视频

将素材导入剪映软件中并按照故事主线将其拖入时间轨道，由于短视频多用于手机播放，所以需要将视频比例设置为“9：16”，以适应竖屏播放，如图 6–4–7 所示。

图 6–4–7　导入视频并设置画面比例

由于各段素材视频与规划时长不一致，故需要对素材进行剪辑，以选取最能体现主题且符合规划时长的片段。适当放大时间线以便于微调，选中第 1 个场景“等客”，将时间线拖动到“00:00:01”处，单击“分割”按钮将一段素材分割为两个部分后删除多余部分，如图 6-4-8 所示。

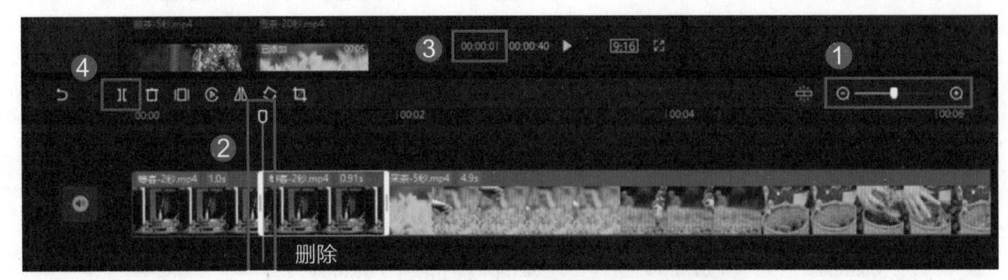

图 6-4-8　调整场景“等客”视频长度

由于第 2 个场景“采茶”时长为 5 秒，大于规划时间 2 秒，小小将其分割为 5 个部分，删除第①、第③和第⑤部分，选用了其中的第②和第④部分，如图 6-4-9 所示。

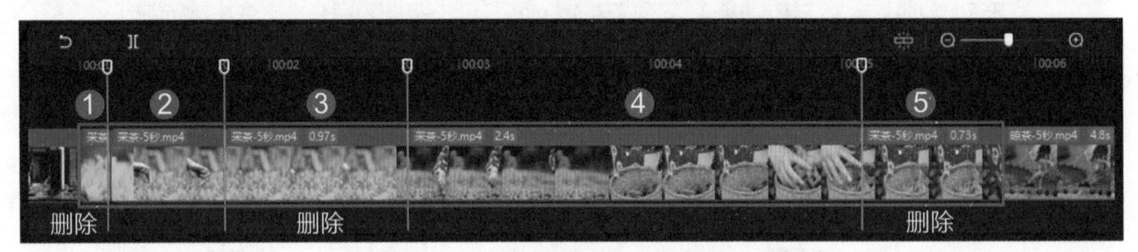

图 6-4-9　筛选场景“采茶”片段

按照上述思路完成其他场景片段的时间调整和内容选取，最终将总时长控制在 15 秒左右。

5. 添加转场动画

“晾茶”场景到“泡茶”场景的切换是从室外到室内，主色调也从绿色变为蓝色，为使衔接更自然，小小选用了“转场”动画中“基础转场”里面的“闪黑”转场动画。添加转场动画后会在前后两个场景间出现转场标记，如图 6-4-10 所示。

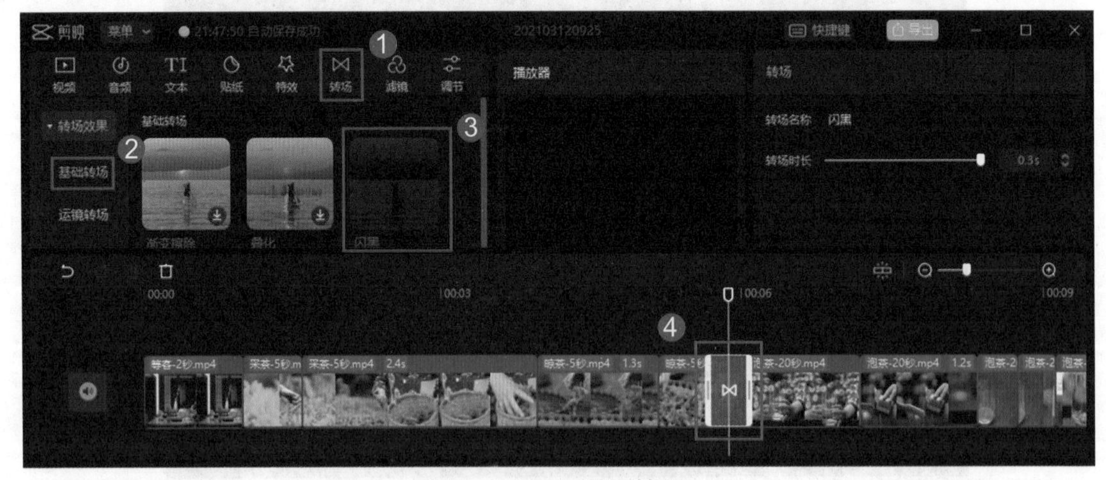

图 6-4-10　添加转场

6. 添加特效

添加特效有利于丰富视频的视觉效果，特效的类型应与视频风格一致。小小打算使用“开幕”和“闭幕”两个基础特效。首先将时间线移动到视频开头，打开“特效”面板，选用“基础”里的“开幕”特效，添加特效后视频轨道上方就出现了特效标记，再用同样的方法在片尾添加“闭幕”特效，如图 6-4-11 所示。

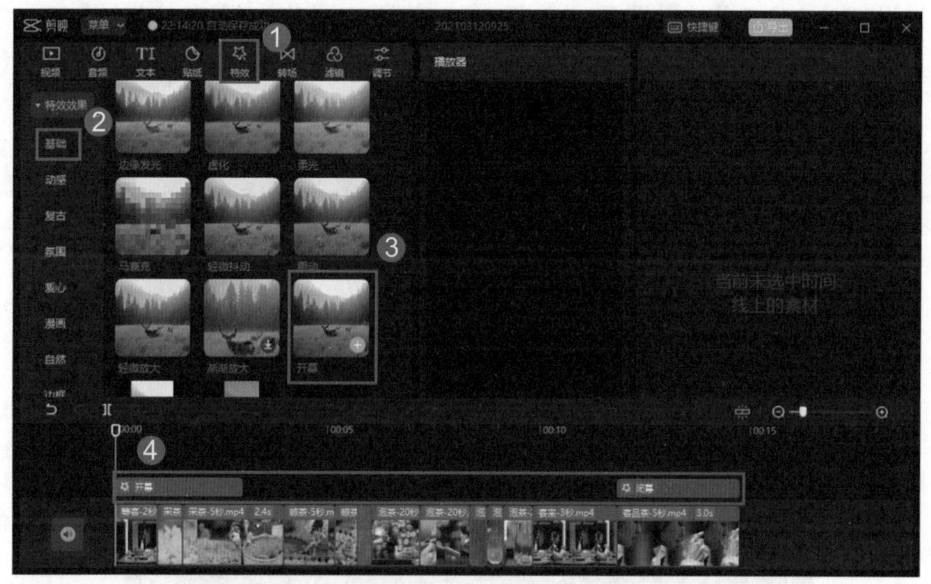

图 6-4-11　添加“开幕”“闭幕”特效

7. 添加音频

（1）插入并调整音频长度

短视频中的音乐能够起到烘托氛围的作用，在软件“音频”面板中选择一首古风音乐可较好地体现本视频的意境。可将音频素材添加在视频轨道下方的音频轨道中，将时间线移动到视频结尾，分割音频后删除多余部分即可，如图 6-4-12 所示。

图 6-4-12　插入并调整音频长度

（2）设置属性

如果发现分割后的音频进入和退出都较为突然，可通过设置“淡入”“淡出”来解决这一问题。如图 6–4–13 所示，选中“音频”，将音频“基本”属性中的“淡入时长”和“淡出时长”设置为“1.5s”，设置后音频轨道中音频首尾分别呈“上曲线”和“下曲线”。

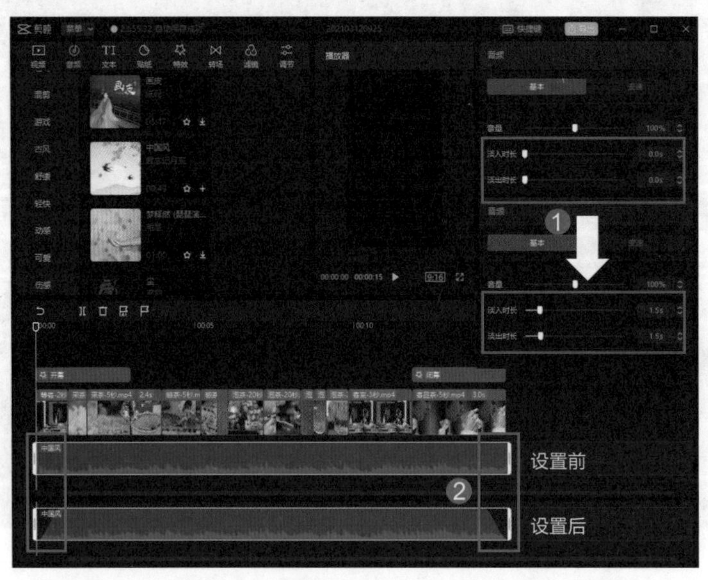

图 6–4–13　设置音频“淡入”“淡出”属性

（3）插入旁白语音

在音频面板中选择“本地”，导入“旁白 _14s_ 合成 _ 小小 _210312.mp3”文件，并将素材拖动到音频轨道中，如图 6–4–14 所示。

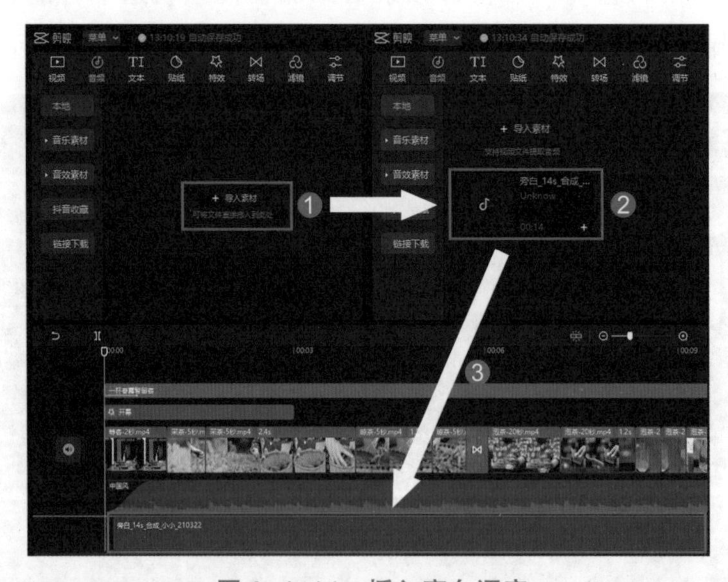

图 6–4–14　插入旁白语音

8. 添加并设置文本

（1）添加并设置文本属性

在视频中加入字幕有助于观众了解视频所传达的意境和主题。如图 6–4–15 所示，通过“文本”面板添加“默认文本”，在编辑框中输入“一杯春露暂留客，两腋清风几欲仙”，通过调节手柄调整文本至合适大小后移动其到画面下方的空白处。选择合适的预设样式并将描边粗细改为“30”，字体设置为“毛笔体”，颜色设置为“绿色”，最后调整文本长度使其与视频一致。

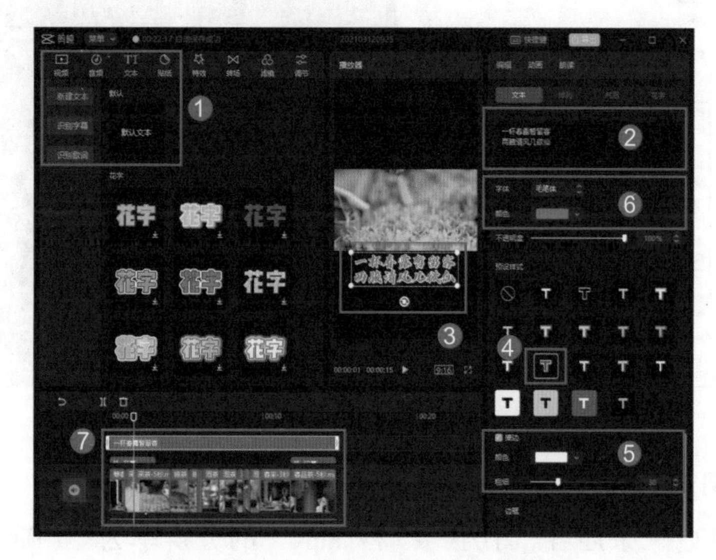

图 6-4-15　添加并设置文本属性

（2）添加文本动画

文本字幕的入场与出场动画应与视频整体风格协调。如图 6-4-16 所示，将文本“入场”动画设置为“渐显”，将“出场”动画设置为“渐隐”。设置完成后文本轨道的首、尾分别出现右箭头和左箭头标记。

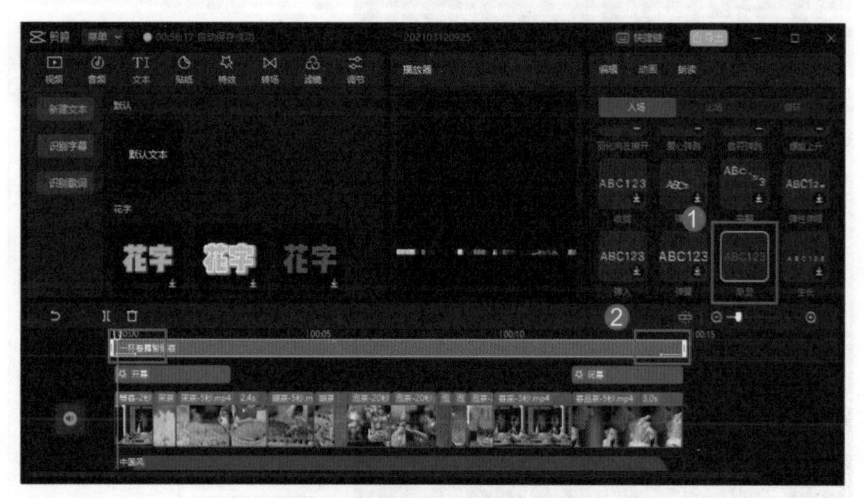

图 6-4-16　文本添加动画

9. 导出作品

如图 6-4-17 所示，剪辑完成后，通过“导出”功能将编辑的结果生成为可脱离于制作环境播放的视频文件，作品名称格式为“日期 _ 主题 _ 作者 _ 时长”。为最大限度地保证视频的清晰度，小小将其参数设置为与原始素材一致，分辨率为 1 080 P，码率最高，帧速率为 30 帧 / 秒，格式则设置为 MP4。

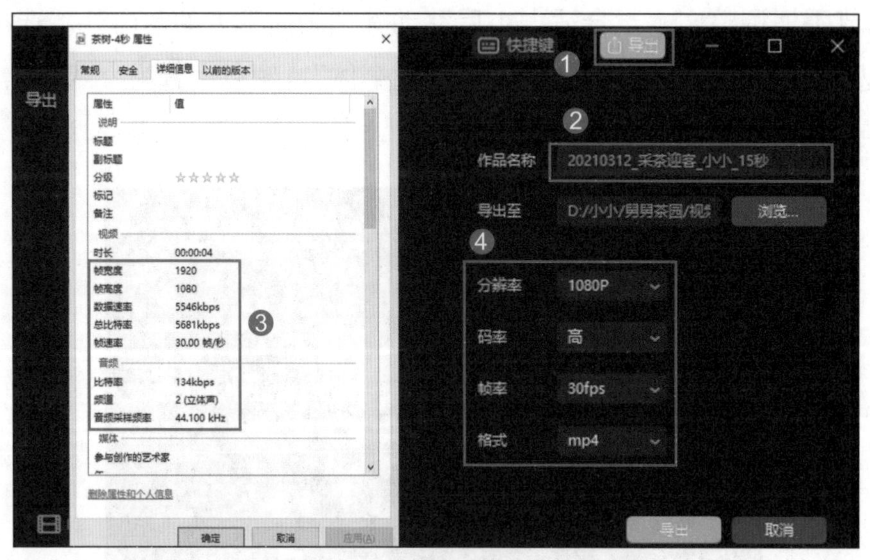

图 6–4–17　设置视频属性并导出

10. 转换视频格式

视频“20210312_ 采茶迎客 _ 小小 _15 秒 .mp4”的分辨率为“1 080 × 1 920”，码率为“6013kbps”（kbps 即 kbit/s），帧速率为“30.00 帧 / 秒”，其大小为“10.9MB”（图 6–4–18）。

图 6–4–18　视频素材属性

通过前期了解到通常短视频平台发布的视频分辨率多为“720×1 280”，码率为“2 400kbps”，帧频为“25 帧 / 秒”，故需要对其参数进行重新设置。

启用“格式工厂”软件的“视频”转换功能（图 6-4-19），选择“->MP4”功能，将视频“20210312_ 采茶迎客 _ 小小 _15 秒 .mp4”添加到软件中，设置“输出配置”，按照前期了解到的平台要求设置视频参数。配置完成后单击▶按钮进行转换，转换完成后文件大小发生了巨大变化而画质影响却不明显（图 6-4-20）。

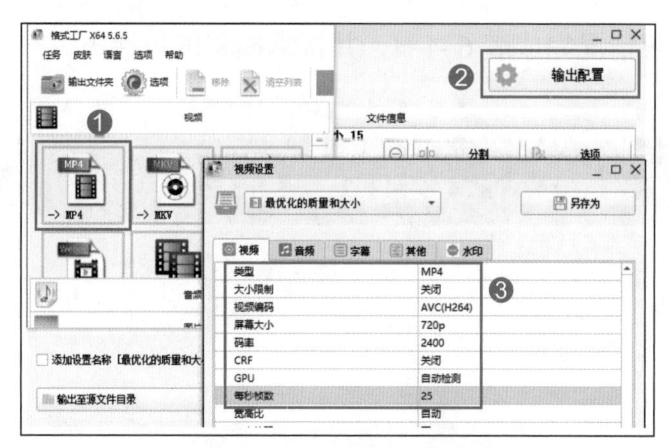

图 6-4-19　转换视频格式

图 6-4-20　视频大小参数调整前后属性对比

拓展延伸

短视频“带货”不简单

在党和国家乡村振兴战略规划背景下，多渠道、多平台、多方式宣传推广农产品、乡村旅游产品等有利于提升农村产业发展、有利于实现农民增收致富、有利于巩固脱贫攻坚成果。随着“90 后”农民成为农村主干力量，而手机则成了“新农具”，短视频平台无疑增加了这些产品的曝光度、拓展了销路、提高了销量。

2018 年上半年，四川省稻城县香格里拉镇通过“山里 DOU 是好风光”短视频文旅扶持项目实现游客约 70 万人次，同比增长超过 55%。

家住陕西省安康市枣园村的陈贵刚奶奶，通过短视频“带货”家乡的香菇、木耳、粉条、辣椒酱等产品，仅 2019 年 7 月至 2020 年 7 月，农产品的总销售额即达到 500 多万元，其中辣椒酱销售 30 多万瓶，带动建档立卡贫困户 522 户。

请根据自己的学习情况完成表 6–4–4，并按掌握程度填涂☆。

表 6–4–4　自我评价表

知识与技能点	我的理解（填写关键词）	掌握程度
视频的本质		☆☆☆
关于视频的常用术语		☆☆☆
景别		☆☆☆
脚本包含的要素		☆☆☆
常用的视频格式及特点		☆☆☆
音视频处理方法		☆☆☆
收获与心得		

举一反三

为了更好地宣传茶叶产品，请你帮小小的舅舅利用现有素材完成一个 30 秒左右的短视频，并配上背景音乐和字幕。

任务 5 集成H5网页

任务描述

随着前期制作用于宣传的数字媒体素材越来越丰富，小小的舅舅希望选择一个集成工具将素材整合，以便简单、快速地传播。

传统的用于集成多种媒体素材的载体通常是视频或演示文稿，但视频体积较大，不利于传播也缺少互动性；演示文稿传播性低，浏览也需要特定软件。而 H5 网页是基于网络的一种可嵌入多种媒体素材的载体，文字、图片、动画、音频、视频等均可嵌入其中。H5 网页可以将前面制作的图片、视频等素材集成在一起，形成一个全新的作品，并能快捷地实现分享发布。H5 网页效果如图 6-5-1 所示。

图 6-5-1 H5 网页效果

感知体验

浏览“全国党媒信息公共平台 - 可视化 H5 频道”中的 H5 网页（图 6-5-2），请对比此 H5 网页与传统网页的异同，并填写表 6-5-1。

图 6-5-2 全国党媒信息公共平台—可视化 H5 频道

表 6-5-1 H5 网页与传统网页对比

对比项目	H5 网页	传统网页
背景音乐	□	□
互动性、交互性	□	□
文字	□	□
动画	□	□
图片	□	□
页面美观度	□	□
其他（请你补充）		

注：请在你认为有优势的一方打√。

知识学习

数字媒体集成是指利用工具将不同类型的多个数字媒体素材进行融合形成新的作品，以实现综合应用，按照使用场景的不同，分为本地集成和网络集成。本地集成常采用演示文稿、视频等作为集成载体；网络集成常采用短视频、H5 网页等作为载体。

1. 本地集成

（1）演示文稿集成

利用演示文稿制作工具（如 WPS、PowerPoint 等），将文本、图像、音视频等素材插入其中，制作成适用于汇报、演讲等用途的产品。其优势在于兼容性强、可用资源丰富，缺点是大多难以脱离制作环境使用。

（2）视频集成

利用视频编辑软件（如剪映、Adobe Premiere 等）将各种数字媒体素材剪辑到一起，形成可脱离制作环境播放的视频文件。其优势在于可实现文、音、画、视的动态展示，但互动性较差，文件体积庞大不利于传播。

2. 网络集成

（1）短视频集成

短视频集成属于视频集成的一种，因其时间短、文件体积小、更新周期快，近年来在产品宣传、新闻事件跟踪、个人娱乐等方面使用广泛，已成为一种风靡全网的互联网产品。

（2）H5 网页

超文本标记语言（Hyper Text Markup Language，HTML）是一种用于创建网页的标准标记语言，它能独立于操作系统，实现对文字、图形、动画、声音、视频、表格、链接等进行说明和标记。使用超文本标记语言编写的文档称为 HTML 文档（即网页），它利用网页浏览器进行显示。HTML 从诞生至今已经发展至第 5 个版本（即 HTML5），该版本极大地提升了网页在富媒体、富内容、富应用等方面的能力。

H5 网页是一系列制作网页互动效果的技术集合，具有富媒体化、富应用化等特点，多用于商业展示、游戏互动、活动交流、信息分享等场景。H5 网页之所以能够被广泛传播，在于其分享便捷、浏览方便、制作简单，一个朋友圈、一个二维码就可以快速推广，一部手机、一台电脑就可以快速制作。

实践操作

1. 确定需求及规划页面

H5 网页的页面不宜过多，以图片为主，辅以适当的动画，并在合适的位置嵌入文本、视频。小小结合舅舅的需求和前期制作的数字媒体素材特点进行了规划，规划内容如表 6-5-2 所示。

表 6-5-2　H5 网页制作规划

页面序号	页面名称	展示内容
1	封面	以茶树近景作为背景，标题为“舅舅茶”，加入文案“一杯春露暂留客，两腋清风几欲仙”
2	相册	以轮播方式展示任务 2 制作的产品主图
3	视频	插入之前任务 4 编辑好的视频
4	封底	地图显示茶园地址（可导航），添加拨号组件可直接拨打电话
共享发布		可通过链接或二维码访问

2. 制作 H5 网页

通过了解，小小发现 MAKA、易企秀、百度 H5、凡科网等都可以制作 H5 网页。小小选择了计算机端网页版的“MAKA”作为本次创作的工具和平台。

（1）创建作品

登录 MAKA 后，选择“创建作品”命令，在推荐栏中选择“翻页 H5”中的“空白创建”选项。然后再通过“文件”菜单修改作品名称为“舅舅的茶叶”，如图 6-5-3 所示。

图 6-5-3 创建作品

（2）上传素材

通过“上传”功能将图片上传至平台，以便后期使用。建立对应的图片文件夹有利于对素材进行分类管理，如图 6-5-4 所示。

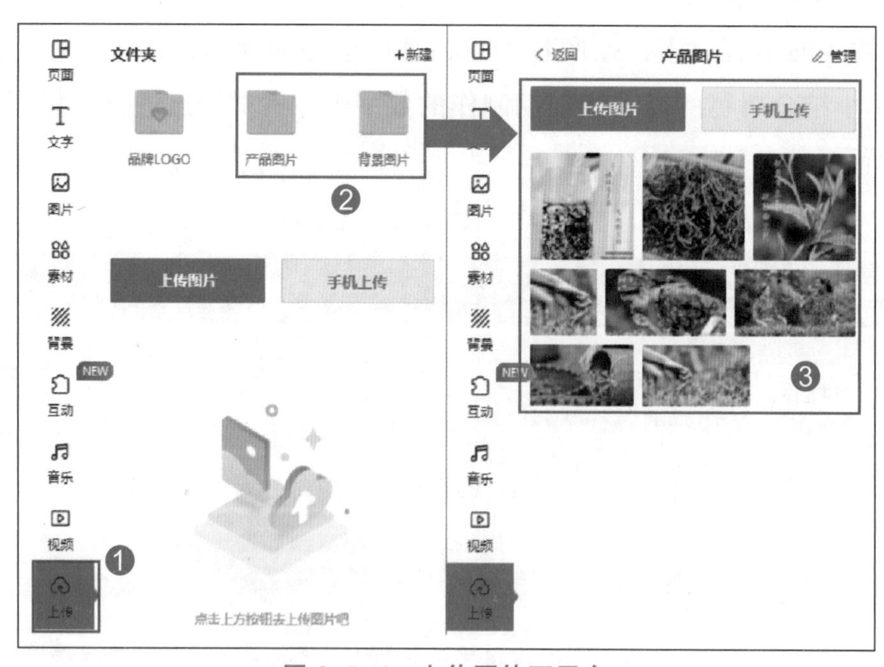

图 6-5-4 上传图片至平台

（3）制作封面背景及进场动画

在“上传”功能中单击已上传的封面图片，将“尺寸”属性修改为“640 × 1235”，对齐方式修改为“垂直居中”和“水平居中”使其布满画布，如图 6–5–5 所示。

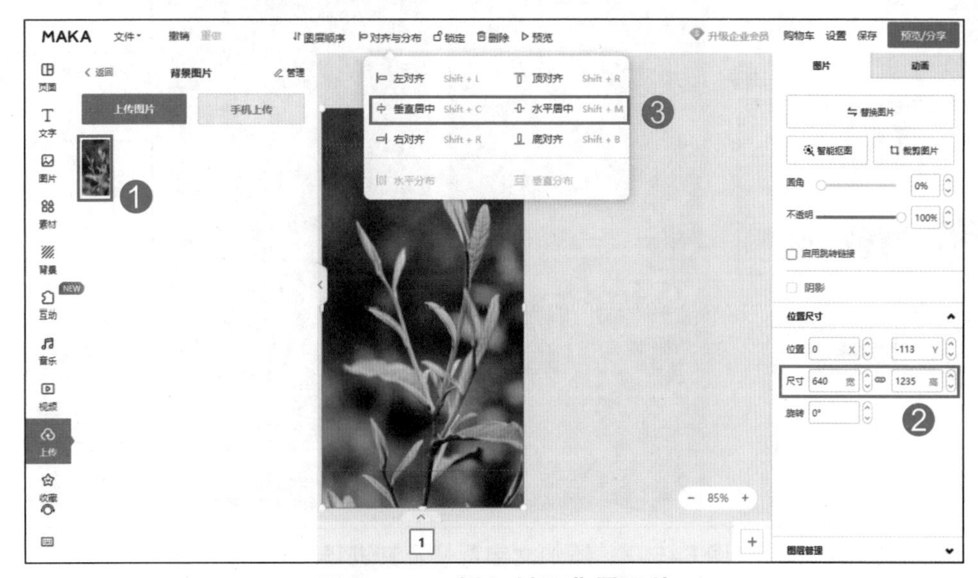

图 6–5–5　插入封面背景图片

将“不透明”属性修改为“70%”，将进场动画设置为“淡入”，将速度调整为“2s”，如图 6–5–6 所示。

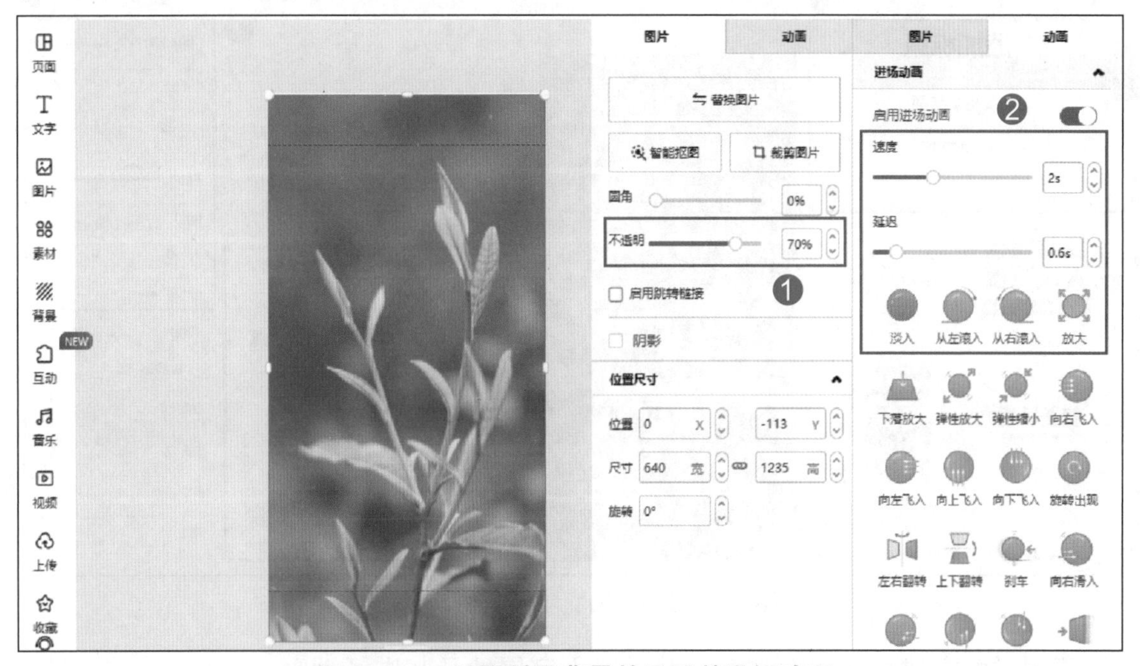

图 6–5–6　设置封面背景效果及其进场动画

（4）添加封面文字及进场动画

通过“素材”功能添加一个缺角矩形，将颜色更换为深绿色，将“不透明”设置“40%”，并将其旋转 90° 后拖放至合适位置。添加进场动画延迟“2.5s”，效果为“淡入”，如图 6–5–7 所示。

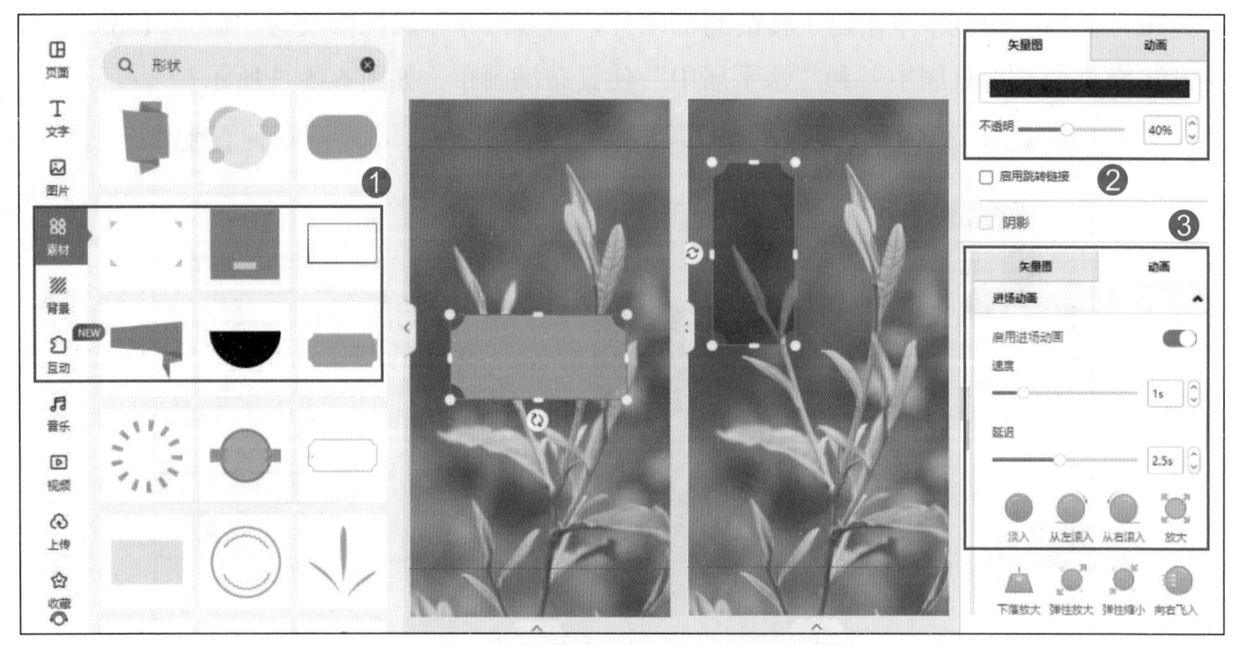

图 6–5–7　添加文字背景及其进场动画

添加“标题”，并设置字体为“杨任东竹石体”，颜色为“白色”，字号为“120px”，行间距为“1.2 倍”，设置进场动画为“淡入”，延迟“3s”，如图 6–5–8 所示。

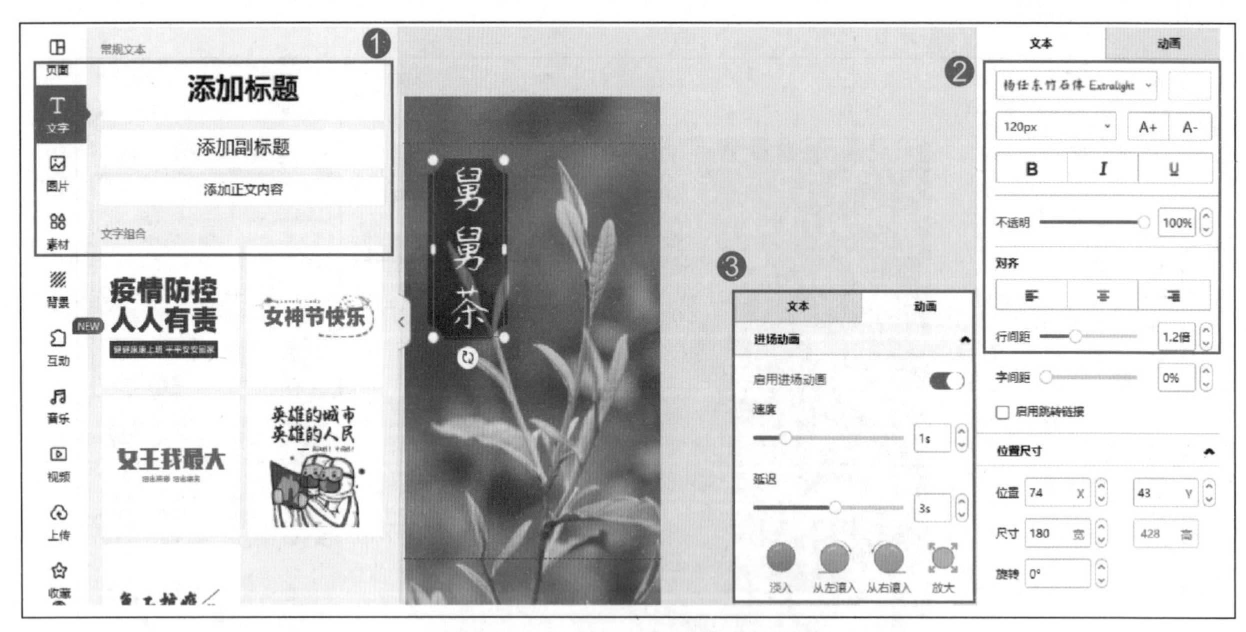

图 6–5–8　添加文字及其进场动画

使用同样的方式添加文案文字，并设置文字属性及其进场动画。

（5）制作相册页

新增空白页并添加背景图片，并设置成与封面页一致的效果。通过“互动”功能添加“图组”组件，在“图组图片”中添加任务 2 中制作的“主图 1”“主图 2”“主图 3”“主图 4”，如图 6–5–9 所示。

图 6–5–9　制作相册页

（6）制作视频页

复制相册页并删除原有图片，通过“视频”功能插入视频组件。将视频上传至腾讯视频、优酷视频或土豆视频，然后复制“嵌入代码”，将其粘贴到视频通用代码区，如图 6–5–10 所示。

图 6–5–10　插入视频

（7）制作联系页

复制视频页并删除原有视频组件，通过“互动”功能添加“地图”和“拨号组件”，并在右侧设置地图地址和电话号码，如图 6–5–11 所示。

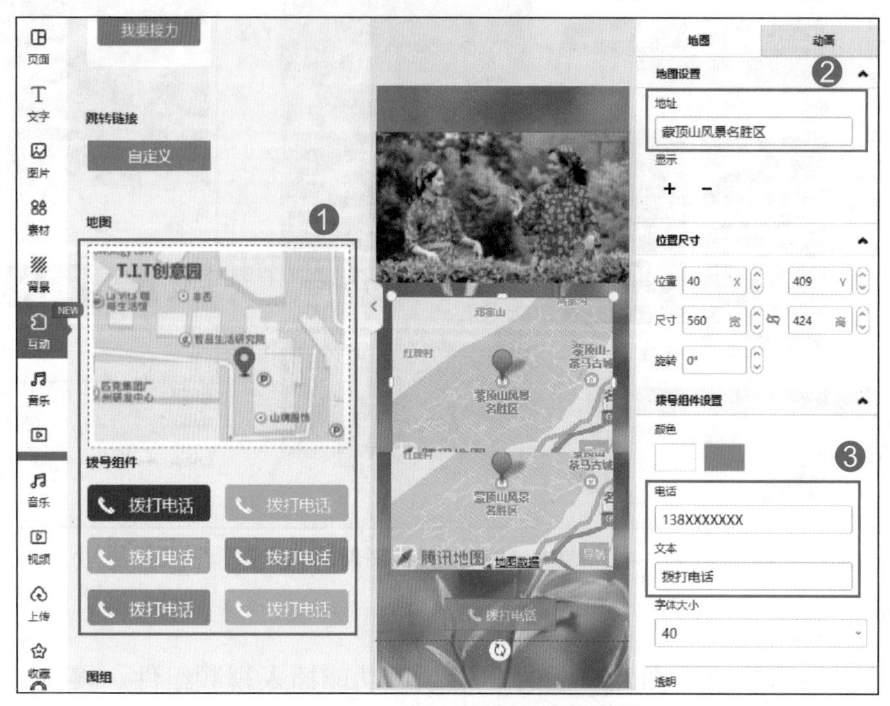

图 6–5–11 添加地图和拨号组件

3. 分享与发布

单击左上角的 MAKA 图标返回作品列表，在作品上单击“预览”按钮即可通过二维码或链接地址分享与发布，如图 6–5–12 所示。

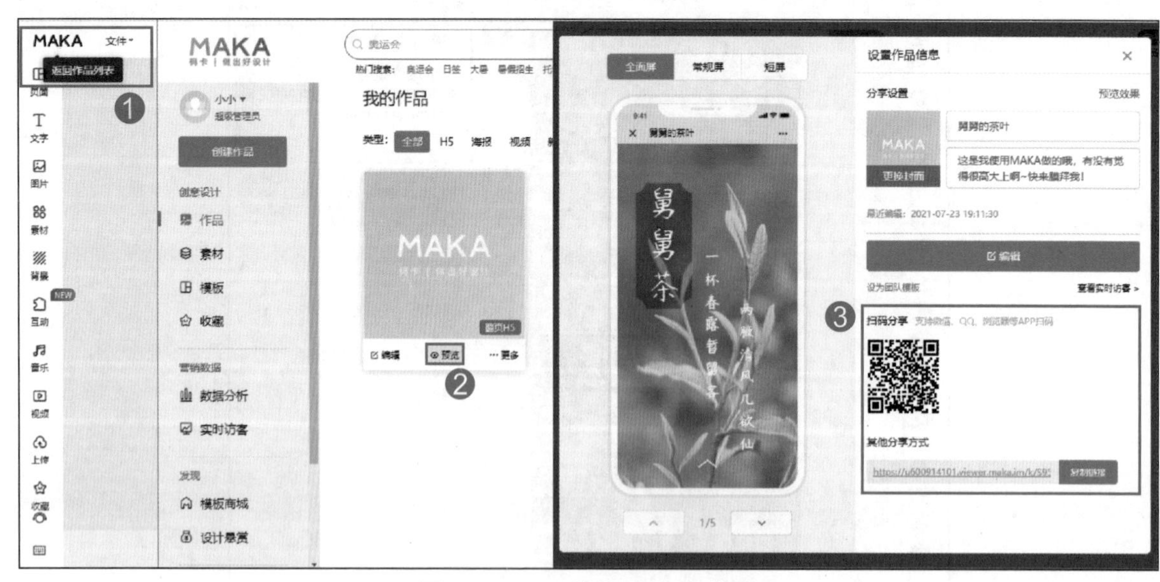

图 6–5–12 分享与发布作品

自我评价

请根据自己的学习情况完成表 6–5–3，并按掌握程度填涂☆。

表 6–5–3　自我评价表

知识与技能点	我的理解（填写关键词）	掌握程度
数字媒体集成工具		☆☆☆
H5 网页的优势		☆☆☆
H5 网页可包含的素材		☆☆☆
H5 网页可以添加的功能		☆☆☆
H5 网页的一般制作方法		☆☆☆
收获与心得		

举一反三

国家勋章是国家最高荣誉，国家设立国家功勋簿，记载国家勋章和国家荣誉称号获得者及其功绩。这是强化国家意识，形成建设社会主义现代化强国强劲合力的现实需要；是弘扬社会主义核心价值观，凝聚时代精神的现实需要。同学们，请把你敬佩的国家勋章和国家荣誉称号获得者的故事，用 H5 网页或演示文稿的方式展示出来，并分享给大家。

专题总结

通过本专题的学习，了解数字媒体的基本情况，以及虚拟现实和增强现实技术的应用领域，掌握了采集、编辑、集成数字媒体产品的基本思路与方法以及格式转换、编码方式等相关知识。在信息极度发达的当下，随着网络技术的发展，数字媒体已经逐步取代了传统媒体的主流地位。文本、图片、音视频作为主要数字媒体产品，因具有易制作、易传播、形式多样、表现丰富等特点广泛被人们接受。了解数字媒体的发展、数字媒体技术的应用，掌握一般数字媒体产品的采集、制作和集成方法，有利于在数字化学习和数字化生活中提升竞争力。

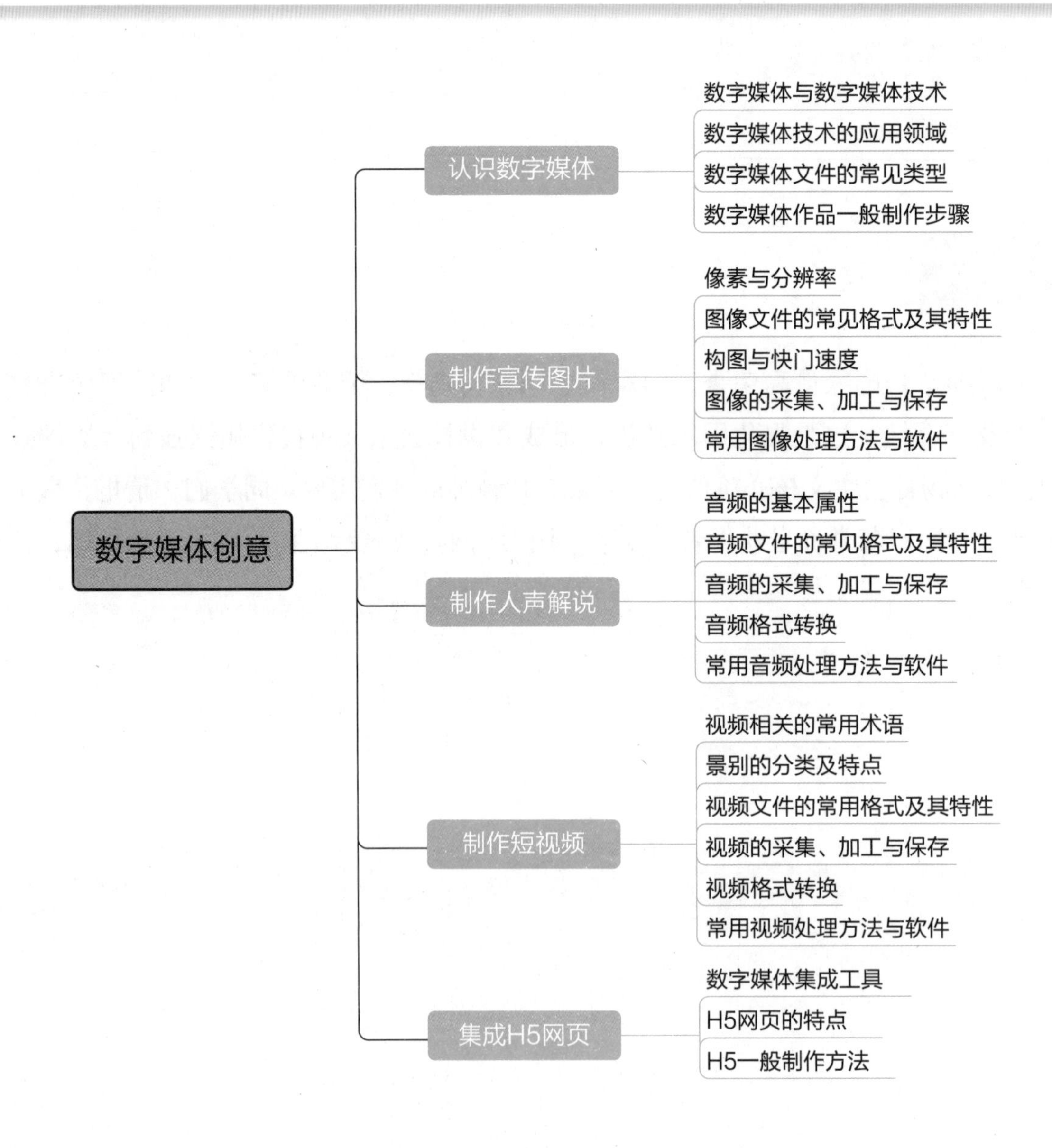

专题练习

一、单选题

1. 存储在手机中的照片属于（　　）。

A. 感觉媒体　　B. 表示媒体　　C. 存储媒体　　D. 显示媒体

2. 下列属于音频所具备的特点的是（　　）。

A. 可集成多种媒体素材　　B. 只能由自然媒体数字化生成

C. 内容随时间变化而变化　　D. 内容不随时间变化而变化

3. 某图像的分辨率是 4 000 × 2 000，我们可称它是（　　）图像。

A. 40 万　　B. 80 万　　C. 400 万　　D. 800 万

4. 拍摄图片时，斜线构图的目的在于（　　）。

A. 使画面更空旷　　B. 使画面更具动感

C. 使主体更突出　　D. 使画面更稳定

5. 下列最适合竖屏观看的分辨率是（　　）。

A. 1 920 × 1 080　　B. 1 280 × 720　　C. 720 × 1 280　　D. 500 × 500

6. 使用 Photoshop 软件调节曲线时，曲线呈上弧形的效果是（　　）。

A. 画面变暗　　B. 画面变亮　　C. 没有变化　　D. 颜色变浅

7. 音频采样率 44.1 kHz 是指（　　）。

A. 每小时采样 44 100 个样本　　B. 每分钟采样 44 100 个样本

C. 每秒钟采样 44 100 个样本　　D. 每次采样 44 100 个样本

8. 某 MP4 文件，在哪种码率下清晰度更高？（　　）

A. 1 200 kbit/s　　B. 1 600 kbit/s　　C. 2 000 kbit/s　　D. 5 000 kbit/s

9. 以下哪款文件能够集成多种媒体？（　　）

A. 图片　　B. 音频　　C. H5 网页　　D. 视频

10. 下面属于无损压缩音频格式的是（　　）。

A. FLAC　　B. MP3　　C. MAV　　D. ACC

二、判断题

1. 数字媒体的应用和推广极大地拓展了人们获取信息的渠道，人人都可以成为信息的发布者，人人都可以随意发布任何信息。（　　）

2. 手机拍摄的图片属于位图，在放大时会出现不清晰的情况。（　　）

3. 音频和视频是两种不同类型的数字媒体文件，所以它们不能融合。（　　）

4. 虚拟现实技术应用广泛，可以用于产品展示、业务训练和全景游览等。（ ）

5. JPEG 图像与 PSD 图像都可以分层存储图层。（ ）

三、实践操作题

以“你好，青春”为主题，制作短视频并分享给同学们。要求：内容源于生活，主题积极向上。

1. 通过拍摄、下载等方式获取素材；

2. 将素材导入视频编辑软件，剪辑成一个 15 秒左右的短视频；

3. 配上恰当的字幕和背景音乐后导出并分享。

专题 7 信息安全基础

网络的普及，打破了空间阻隔，新信息、新技术、新业务能够第一时间传递到全国各地。网络的发展也促进了“互联网 + 电商”的发展，但同时也使得信息安全风险不断增加。国家对打击网络犯罪、保护信息安全高度重视，要求注重源头治理、综合治理，坚持齐抓共管、群防群治，全面落实打防管控各项措施，加强社会宣传教育防范，建设更高水平的平安中国、法治中国。学习信息安全知识，掌握基本的防护技能，养成良好的信息安全习惯，能更好地保护信息安全，防范信息安全隐患。

专题情景

2020 年，全国脱贫攻坚取得全面胜利，完成了消除绝对贫困的艰巨任务。小小的舅舅巧借脱贫政策“东风”，通过网络销售平台拓宽茶叶销售渠道，实现了创业创收。由于业务交易频繁，小小的舅舅也常收到“某银行”发来短信，提示他留存的身份信息已过期，需登录短信中的网址进行认证。通过向银行客服咨询，小小的舅舅得知这是钓鱼网站惯用伎俩，诈骗分子利用伪基站、改号软件等篡改发送短信的手机号码，伪装成官方机构电话号码群发诈骗短信，极具迷惑性，一旦点击进入，很可能造成经济损失。小小的舅舅疑惑：自己的信息是如何泄露的呢？如何采用正确的信息安全防护措施呢？

专题情景

1. 了解信息安全常识，能发现身边潜在的信息安全隐患。
2. 了解信息安全相关法律法规，养成良好的信息安全意识和习惯。
3. 了解常见恶意攻击的形式和特点，初步掌握信息系统安全防护技术和方法。
4. 了解网络安全等级保护和数据安全的相关制度及标准。
5. 能对计算机系统、移动终端系统进行基本的安全防护。
6. 了解数据安全，并能通过备份、加密等方式保护数据安全。

任务1 初识信息安全

现代社会，信息变得越来越重要，有人说：“在信息时代，谁掌握了信息，谁就掌握了主动，谁就赢得了先机。”信息盗用、泄露，信息设备遗失等带来的安全隐患也日益凸显。电话号码、短信链接、手机密码等只是常见信息的一部分，舅舅遇到这个情况让小小隐隐觉得身边还有很多潜在的信息安全隐患，应该好好找一找。

小小分析舅舅很可能是在不经意的情况下，泄露了自己的信息，包括电话号码和工作性质，才会让人有机可乘。要避免信息盗用、泄露等引起的安全隐患，就要学习信息安全的基础知识，了解信息泄露带来的危害，了解相关法律法规，在以后的工作和生活中，树立信息安全意识，做信息社会中遵规守法的好公民。

感知体验

猜密码

1. 老师在黑板上写下一个3位数密码，并遮住。

2. 每名同学有4次机会，分别写4个3位数，代表猜了4次密码（图7-1-1）。

3. 老师逐一解开密码，同学们逐一核对，统计有无同学猜中密码。

通过上面的实验，可能有同学猜出了密码，也可能没人猜出密码。密码是一种关键信息，比如手机开机密码或计算机登录密码。同学们分组讨论，什么样的密码容易被猜出来？如果手机密码被泄露可能会产生什么样的不利因素？

图7-1-1 猜密码

知识学习

1. 认识信息安全

信息安全自古以来就受到人们的重视，不同文献和研究机构对其发展历程说法不一。

其实，在古代也有信息安全事故，常见的有叛变人员泄露机密，来往书函被人窥视、复制，重要谈话被人窃听，命令传递错误等。例如，为了防范书函泄密，我国古代就使用“火漆”对书函进行密封（图 7–1–2），一旦发现密封损坏，就表示书函内容已经泄露。

图 7–1–2　我国古代火漆密封信函

在现代，计算机技术和网络通信技术飞速发展引发了信息技术革命，人们对信息的处理发生了根本性变革。信息安全也经历了通信保密阶段、信息安全阶段、信息安全保障阶段。信息安全保障范围也从专门保障政府、军事部门扩展到普通百姓，信息安全保障的法律法规、技术标准、防范策略、硬件设施、国际交流也飞速发展，日新月异。

信息安全是指存放信息的信息系统或介质不被未授权的人侵入或破坏，系统中的信息不被未授权的人查看、复制、篡改，包括信息传输过程中的安全以及信息使用中的安全等。比如，生活中最常见的计算机和手机，就可以理解为是一种存放信息的系统。如果计算机、手机被火烧毁，那么里面的数据就被破坏；如果计算机系统和手机系统被侵入，那么里面记录的信息就会被别人知晓、复制、篡改、破坏；如果设备里的信息被人看到，那么这些信息也就被别人知晓并存在被盗用风险。所以信息安全既包括存放信息系统的软硬件安全，也包括信息本身的安全。

图 7–1–3　信息安全三个重要方面

一般而言，信息安全包括三个重要的方面：机密、完整、可用，如图 7–1–3 所示。

讨论活动

不同层面发生什么情况将会面临不同信息安全隐患，完善表 7–1–1，并讨论可采取的措施。

表 7–1–1　信息安全隐患

层面	信息安全隐患
个人	银行卡、身份证遗失，计算机、手机遗失，家庭信息、电话号码泄露…… ________________
企业	企业的员工信息、经营计划、客户数据等泄露…… ________________
国家	军事系统、科研系统、工业控制系统、银行系统、铁路控制系统等信息泄露…… ________________

2. 与信息安全有关的违法违规行为

在信息时代，网络空间不是法外之地，不是敛财工具，这是法治社会不可逾越的底线。图 7–1–4 所示为常见与信息安全有关的违法违规行为，根据行为的情节及严重程度的不同，就要承担相应的民事、行政、刑事责任。

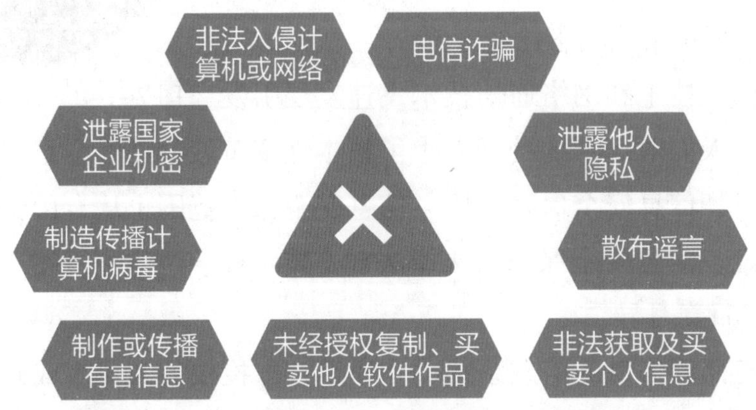

图 7–1–4 常见与信息安全有关的违法违规的行为

（1）泄露国家、企业机密

1972 年出生的岳某在某国家机关上班，与境外间谍结识并被金钱利诱，向境外间谍提供 7 400 多份文件资料，其中涉及绝密新型武器等内容。岳某因此牟利近百万元，案发后，被依法判处死刑，缓期执行。

现代社会，企业的关键信息可产生极大的经济影响或经济效益，非法获取、披露、使用企业的商业机密，也属于违法行为。信息安全对国家安全的影响更大，比如，未经批准进行科技、经济、军事、地理等情况的搜集，盗取军事机密和情报，泄露、买卖国家秘密都会受到法律的制裁。特别是泄露国家机密，会使国家的安全和利益遭受特别严重的损害，同时受到法律的制裁也更加严厉。

（2）制造、传播计算机病毒

2007 年“熊猫烧香”病毒感染了上百万台计算机，造成了极大损失。法院以破坏计算机信息系统罪判处病毒制造者四年有期徒刑，其余传播病毒的犯罪嫌疑人也被追究相应责任。

制造、传播、买卖计算机病毒，通过病毒破坏或影响计算机系统、网络系统正常工作，窃取个人数据和信息也属于违法行为。

（3）非法入侵计算机或网络

李某向存在漏洞的服务器种植木马，侵入网站 283 个。2019 年 12 月，武汉市东湖高新区法院以非法控制计算机信息系统罪，判处李某有期徒刑三年，并处罚金人民币 1 万元。

对于非法入侵个人、企业、国家机关的计算机或网络，查看、复制、获取相关信息，删除、破坏重要文件或程序的人员，需要受到一定处罚。早在 2011 年最高人民法院和最高人民检察院联合发布的《关于办理危害计算机信息系统安全刑事案件应用法律若干问题的解释》中就对一些常见的入侵计算机行为进行了明确的界定，如表 7-1-2 所示。

表 7-1-2 入侵计算机行为与量刑

序号	违法行为	数 量	量 刑
1	获取支付结算、证券交易、期货交易等网络金融服务的账号、口令、密码、数字证书等信息	10 组以上	可判处三年以下有期徒刑。 如达到上述标准的 5 倍以上，可处三年以上七年以下有期徒刑
2	获取其他如账号、口令等身份认证信息	500 组以上	
3	非法控制计算机信息系统	20 台以上	
4	违法所得	5 000 元以上	
5	造成经济损失	1 万元以上	

（4）电信诈骗

2020 年 11 月 26 日，重庆市公安局在“净网 2020”专项行动中，成功侦破一起公安部督办的特大跨境“杀猪盘”电信网络诈骗案，抓获犯罪嫌疑人 102 人，扣押涉案资金 2 000 余万元，摧毁黑灰产业窝点 6 个。

常见的电信诈骗形式有冒充熟人或领导、利用高额回报、利用低价销售、虚构中奖信息等。当然，骗子也在开动头脑“与时俱进”，以后还会不断出现新的诈骗方式，时刻不能放松警惕。

（5）未经授权复制、买卖他人软件作品

2017 年，某网络科技公司的负责人白某为提高公司盈利，与黄某密谋，要求黄某将另外一家科技公司的软件，通过改头换面的方式进行销售，并将销售金额归于自己公司。案发后，白某所在网络科技公司由于复制发行盗版软件被依法查处。

随着计算机技术的发展，知识产权越来越被重视，软件作品、音视频作品与文字作品一样受到法律保护，未经授权地使用、复制、买卖都是违法行为。常见的违反知识产权法的行为还有侵犯专利权、著作权、商标权等。

（6）非法获取及买卖个人信息

2019 年 3 月，遂宁市安居区人民检察院以侵犯公民个人信息罪对罗某提起公诉，因罗某将在房产机构上班掌握的 4 万多条楼盘业主信息出售给他人获利，最终被法院判处有期徒刑八个月。

《中华人民共和国刑法修正案（九）》将《中华人民共和国刑法》第二百五十三条之一修改为：“违反国家有关规定，向他人出售或者提供公民个人信息，情节严重的，处三年以下有期徒刑或者拘役，并处或者单处罚金；情节特别严重的，处三年以上七年以下有期徒刑，并处罚金。”

（7）泄露他人隐私

2020 年 12 月 7 日，王某将一张内容涉及“成都疫情及赵某某身份信息、活动轨迹”的图片在自己的微博转发，严重侵犯他人隐私。经公安机关调查，王某对散布泄露赵某某个人隐私的行为供认不讳，依据《中华人民共和国治安管理处罚法》相关规定，依法予以行政处罚。

作为个人，有些信息是不愿意告知别人或者公之于众的，这些信息就是隐私。隐私是受到法律保护的，未经他人同意，通过窃听、窃照或其他方式把别人的个人信息公开，就侵犯了别人的隐私权。《中华人民共和国治安管理处罚法》第四十二条规定：“偷窥、偷拍、窃听、散布他人隐私的，处五日以下拘留或者五百元以下罚款；情节较重的处五日以上十日以下拘留，可以并处五百元以下罚款。”

（8）散布谣言

2020 年 2 月 5 日，山西省长治市某派出所接到报警，有人在微信群中称果园村有一家六口人全部感染新型冠状病毒肺炎，派出所立即实地查看，确认并无疫情。编造疫情的曹某某被控制，因涉嫌虚构事实扰乱公共秩序被依法行政拘留十日。

有人认为，在网络中，别人看不到自己，只要自己没有留下真实姓名，就能逍遥法外，于是发布虚假信息，以此博人眼球，这样的案例比比皆是。但是，网络世界也是有法律底线的（图 7–1–5），在网络中也要对自己的言行负责，严守法律底线。

图 7–1–5　网络世界有法律底线

（9）制作或传播有害信息

2020 年 3 月，潘某向 3 000 余微信号发送含有棋牌赌博链接的图片。接到群众举报，临清市公安局网安大队迅速抓获犯罪嫌疑人潘某，并对其依法进行了处理。

网络中，获取信息的方式众多，然而制作、传播、买卖有害信息，则构成违法。比如，制作和传播淫秽、暴恐等非法音视频，境外人员、媒体、电台通过网络造谣、传播煽动信息等。遇到来历不明的信息要学会甄别，做到不相信、不传递。

正因为信息安全越来越重要，所以国家才出台了众多的法律法规，人们在受到侵害时要用法律的武器保护自己；同时也要自觉遵守法律法规，千万不要认为自身隐匿在网络空间，就可以为所欲为，网络不是法外之地，在网络中既享受言论自由，也需尊重事实，对自己的言行负责，网络中触碰了法律红线的行为必然要受到法律的制裁。

探究活动

如果遇到违法或不良信息，作为互联网的一分子，我们有责任和义务举报违法和不良信息。请通过网络搜索了解违法和不良信息举报途径并完善表 7-1-3。

表 7-1-3　违法和不良信息举报途径

序号	名称	途径
1	中国互联网违法和不良信息举报中心	www.12377.cn
2	网络违法犯罪举报网站	
3	12321 网络不良与垃圾信息举报受理中心	
4		
5		

全民国家安全教育日

2015 年 7 月 1 日，全国人大常委会通过的《中华人民共和国国家安全法》第十四条规定，每年 4 月 15 日为全民国家安全教育日。2020 年活动主题为“坚持总体国家安全观，统筹传统安全和非传统安全，为决胜全面建成小康社会提供坚强保障”。

3. 身边的信息安全风险

信息技术发展给人们的生活、工作带来了很多便利，也同时在每一个人的身边留存了各种各样的信息安全风险，如图 7-1-6 所示。

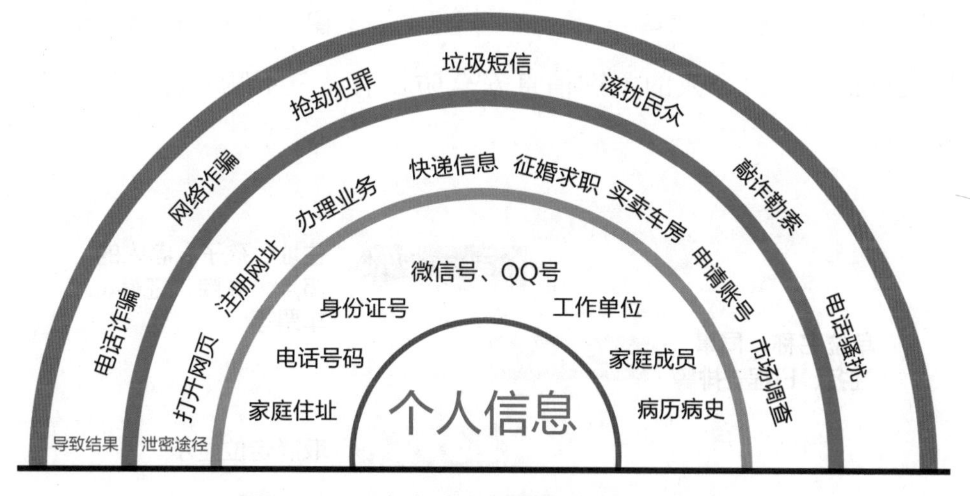

图 7-1-6　个人信息泄露带来的安全风险

讨论活动

如果有人向你推销“低风险”校园贷时，你该采取怎样的正确措施避免你和你身边的人受到侵害？

4. 信息安全意识

养成良好的个人信息安全意识和习惯，可有效地避免由于信息泄露带来的安全隐患。

①密码使用习惯。我们要善于使用密码，通过密码来保护文件、设备、系统以及各种APP的安全，如图7-1-7所示。

②使用防护软件。无论是手机还是计算机，首次使用时就应该安装相应的防护软件、杀毒软件，并定期进行病毒库更新、漏洞修复、安全扫描等。

③保持警惕之心。在使用移动终端设备时，对来历不明的邮件和短信链接（图7-1-8）等不要轻易点击；谨慎使用公共场合的WiFi热点，避免在连接公共WiFi的情况下进行网络购物和网银的操作；通过网络查询信息要到官方网站或官方渠道，警惕不法分子通过伪装基站、克隆官网、伪装银行人员等进行非法活动。

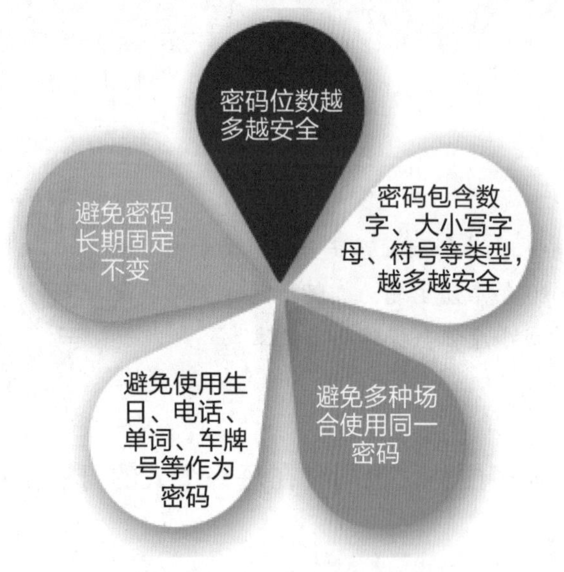

图7-1-7　安全使用密码

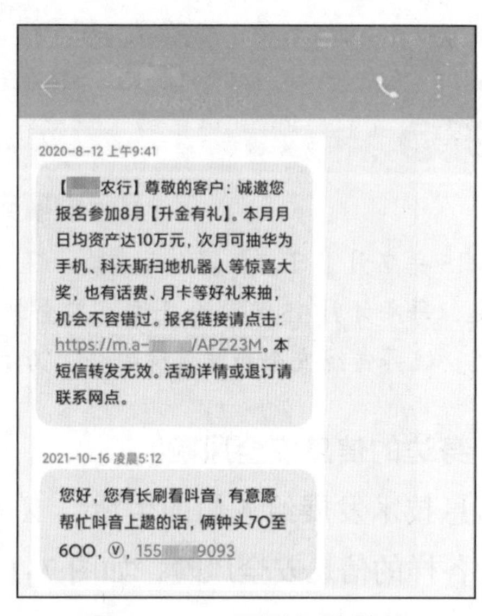

图7-1-8　不明短信链接

④保护关键信息。每个人的关键信息安全防护有“三不晒一注意”的防护小技巧，如图7-1-9所示。

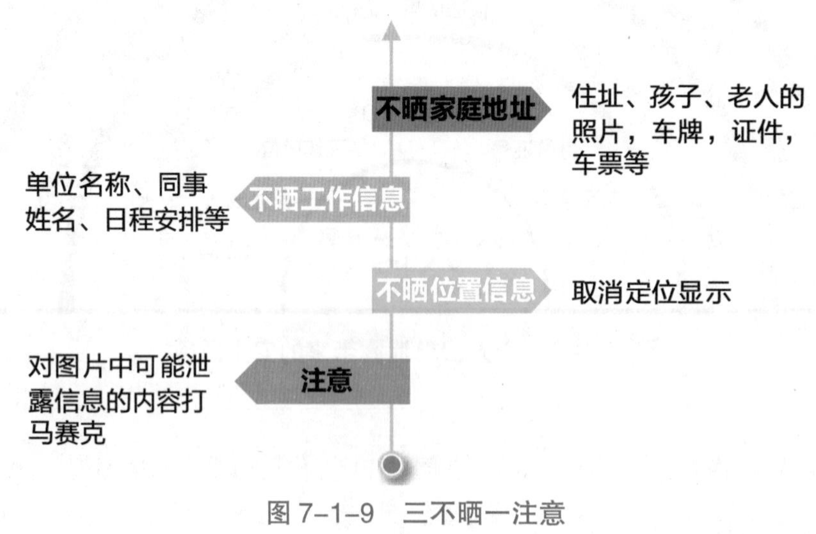

图7-1-9　三不晒一注意

对于企业来说，关键信息更为重要，一旦泄露可能会造成难以挽回的损失，如企业的工作计划、发展方案、投标方案、客户信息、财务状况、程序代码、工艺配方、工艺流程、制作方法等，都是企业的商业机密，受到法律的保护，不能在网络上公开，不能私自提供给第三方，更不能私自买卖。

⑤保护重要数据。对于重要数据，一是要加密保存；二是要进行备份，以防丢失；三是要做好个人信息系统的防护，避免被人通过网络窃取或者盗用计算机数据；四是做好物品保管，防止计算机或硬盘、手机被盗或遗失，从而造成信息泄露。

保护信息安全，首先要重视规则，在国家层面就是法律法规，在企业单位层面就是规章制度，在个人层面就是习惯和意识。其次，还需要技术的支撑，主要指各种防护措施和防护软件的应用，同时技术需要与时俱进，软件也需要不断更新。

探究活动

请按照表 7-1-4 中的示例，找出至少 3 种身边可能存在的信息安全隐患，并思考补救措施。

表 7-1-4 寻找身边的信息安全隐患

序号	隐患描述	潜在危害	补救措施
1	点击了手机上的不明链接	手机中病毒、登录了镜像假网站，从而泄露重要个人信息	立即使用最新版手机杀毒软件杀毒，更改个人账户密码、冻结金融支付功能
2	银行卡、医保卡密码设置过于简单	万一遗失，很容易被别人破解密码，从而造成经济损失	修改为较为复杂的密码
3			
4			
5			

拓展延伸

网络安全等级保护制度

2017 年 6 月 1 日，《中华人民共和国网络安全法》的正式实施，标志着网络安全等级保护 2.0 的正式启动。随着近几年的标准、制度的完善，已经形成网络安全等级保护 2.0 标准体系。2.0 版本名称发生了变化，将原来的标准《信息安全技术 信息系统安全等级保护基本要求》改为《信息安全技术 网络安全等级保护基本要求》，与《网络安全法》保持一致。按照网络安全等级保护的要求，需要对网络系统进行定级，并依据不同等级进行不同程度的安全防护，这样更有利于保障网络安全，预防网络安全隐患的发生。在 2.0 版本中，网络安全等级分为 5 个等级，如表 7-1-5 所示。

表 7-1-5　网络安全等级保护

级别	名称	内容
第一级	自主保护级	无须备案，对测评周期无要求 此类信息系统受到破坏后，会对公民、法人和其他组织的合法权益造成一般损害，但不会损害国家安全、社会秩序和公共利益
第二级	指导保护级	公安部门备案，建议两年测评一次 此类信息系统受到破坏后，会对公民、法人和其他组织的合法权益造成严重损害，或者对社会秩序、公共利益造成一般损害，但不损害国家安全
第三级	监督保护级	公安部门备案，要求每年测评一次 此类信息系统受到破坏后，会对国家安全、社会秩序造成损害，对公共利益造成严重损害，对公民、法人和其他组织的合法权益造成特别严重的损害
第四级	强制保护级	公安部门备案，要求半年一次 此类信息系统受到破坏后，会对国家安全造成严重损害，对社会秩序、公共利益造成特别严重的损害
第五级	专控保护级	公安部门备案，依据特殊安全需求进行测评 此类信息系统受到破坏后会对国家安全造成特别严重的损害

自我评价

请根据自己的学习情况完成表 7–1–6，并按掌握程度填涂☆。

表 7–1–6　自我评价表

知识与技能点	你的理解	掌握程度
信息安全概念		☆☆☆
信息安全三个重要方面		☆☆☆
信息社会违法违规的行为		☆☆☆
身边的信息安全		☆☆☆
良好的信息安全习惯		☆☆☆
收获与心得		

举一反三

每个人都应该遵守基本的道德规范，在网络空间也不例外。网络不文明行为不仅令人厌恶，实施者还可能受到法律的处理。结合自身实际并通过网络搜索，找出我们身边的网络不文明行为，并填写到表 7–1–7 中。

表 7–1–7　网络不文明行为

序　号	行　为
1	
2	
3	
4	
5	

任务2 构筑信息系统安全防线

近年来，我国电子商务发展迅猛，小小的舅舅的网店生意越来越红火。为了扩大生产规模，小小的舅舅准备添置几台计算机，但由于计算机知识的匮乏，又担心无法应对网络空间中的各种安全隐患。舅舅找到小小，希望她能帮助维护计算机系统安全和数据安全。

信息系统涵盖的软硬件较为广泛，为便于学习，本任务以计算机系统为例来探讨信息系统的安全防护。计算机是信息数据高度集中的信息设备，在日常使用中，存在各方面的安全风险，如被非授权使用、被恶意入侵、数据损坏或丢失等。小小通过为计算机设置密码，安装防护软件，修复系统漏洞，备份数据，增强计算机系统的防护能力，提高计算机系统的安全性，保障了数据安全。本任务拟定路线如图 7-2-1 所示。

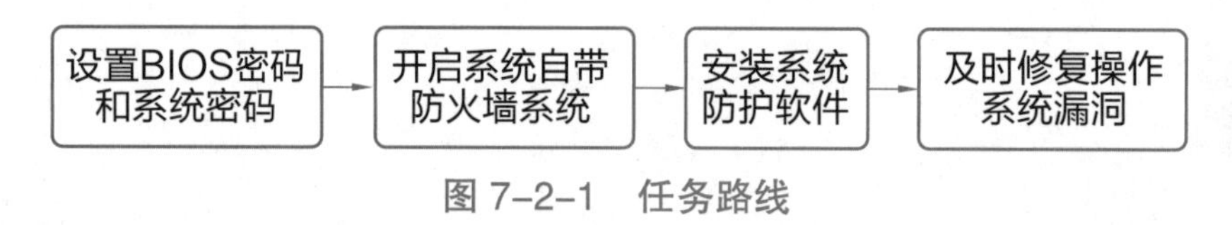

图 7-2-1 任务路线

感知体验

弹窗广告

同学们在使用计算机的过程中，是否遇到过图 7-2-2 所示的弹窗广告？

为什么会有弹窗广告呢？这是因为在安装计算机软件或程序的时候，安装包或程序中捆绑了广告推广的程序，每当计算机启动或使用时，这些推广程序就弹出广告窗口，严重影响用户的使用体验，也影响计算机的安全性。

同学们请讨论一下，如何阻止这些弹窗广告。

图 7-2-2 常见弹窗广告

知识学习

信息系统非常广泛，其中最为常见的是计算机系统，这里就从技术角度探讨计算机系统的安全防护。

1. 计算机系统面临的安全威胁

2020 年 9 月 16 日，中国信息通信研究院安全研究所发布了《2020 年上半年网络安全态势情况综述》。综述显示，2020 年上半年处置仿冒 APP 类事件 72 起、网页篡改问题近 5 000 个、网站仿冒 35 个、僵尸网络事件 1.9 亿件、木马事件 8 000 余万件。

计算机系统面临的安全威胁多种多样，如图 7–2–3 所示。针对计算机系统的攻击方式有很多，如利用漏洞攻击、网络蠕虫攻击、恶意代码、浏览器劫持、网络钓鱼等，攻击方式、途径多种多样，攻击的程序代码千变万化。

图 7–2–3 计算机系统安全威胁

（1）计算机病毒

计算机病毒是人为制造的具有隐蔽性、传染性、潜伏性、破坏性的程序或指令代码，它不仅可以感染计算机，还能感染手机等其他移动终端，轻则让被感染的设备运行速度变慢，重则删除或毁坏数据、窃取重要资料或数据。它通过网络、邮件、U 盘、网页等途径传播。

防范措施：安装杀毒软件并及时更新杀毒软件病毒库。定期进行病毒扫描、不点击来路不明的链接、不随意下载软件、不访问非法网站、不运行未知的可执行文件等。

（2）口令破解

现在很多地方都以用户名（账号）和口令（密码）作为鉴权的方式，口令就意味着访问权限。口令相当于进入家门的钥匙，当他人有一把可以进入你家的钥匙时，你可能会担心你的安全、你的财务、你的隐私。口令破解是黑客们最喜欢的入侵方法，指通过软件、程序或其他方式非法获取口令，从而达到入侵系统的目的。

防范措施：提高密码复杂程度，如密码长度不小于10个字符，包括大小写字母、字符、符号。不定期更改密码、不使用以前用过的密码，采用指纹等生物特征作为密码等。

（3）木马入侵

木马这个名称来源于希腊神话“特洛伊木马记”，神话故事中士兵藏身于木马腹内，潜入城内里应外合攻下城池。在网络世界，木马入侵指在别的计算机中植入木马程序，通过服务端远程控制受害者计算机，窃取数据、修改或删除文件等。被植入了木马或留有后门的计算机称为“肉鸡”。当木马程序在进行破坏时，用户是感受不到的，在毫无征兆的情况下会造成数据泄露、文件损坏等危害，比较出名的木马有灰鸽子木马、冰河木马等。

防范措施：启用系统防火墙、安装杀毒防护软件、及时修复系统漏洞、不随意点击不明链接、不访问非法网站、不下载非法软件、不接收和点击陌生人发的资料（文件、压缩包、图片等），养成良好的计算机及网络使用习惯，可有效预防木马入侵。

探究活动

请通过网络查询计算机系统其他的安全威胁简介及防范措施，完善在表7-2-1中。

表7-2-1　计算机系统面临的安全威胁

序号	类型	威胁简介	防范措施
1			
2			
3			

2. 计算机系统的防护

计算机有很多类型，功能也大相径庭。但无论是什么类型的计算机，都保存着大量的信息和数据，要确保系统和数据的安全就必须做好基本的防护措施。

（1）设置密码

对计算机系统而言，开机密码是保护系统安全的第一道关口，一般有设置BIOS开机密码和Windows系统登录密码两种方式。计算机设置BIOS开机密码如图7-2-4和图7-2-5所示。

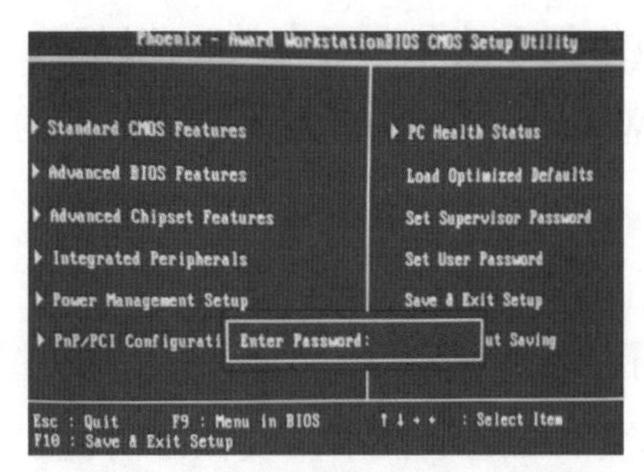

图 7–2–4 设置 BIOS 开机密码

图 7–2–5 开机输入密码

（2）防火墙设置

防火墙名称来源于建筑领域，聪明的古人在修房建屋时，为避免发生火灾时，大火在建筑群之间蔓延，于是在建筑物之间修建一堵较高的墙，起到阻断火灾的作用。信息系统为避免外部攻击采取类似的防御措施，把系统内部和外部相对隔开，对进入系统的访问和操作进行甄别和限制，用以保护信息系统安全。防火墙（图 7–2–6）有很多种：有硬件防火墙，也有软件防火墙；有系统自带的，也有第三方专业公司开发的；有免费的，也有收费的。在 Windows 10 系统中，启用系统内置的防火墙，可以提高 Windows 系统的安全性。

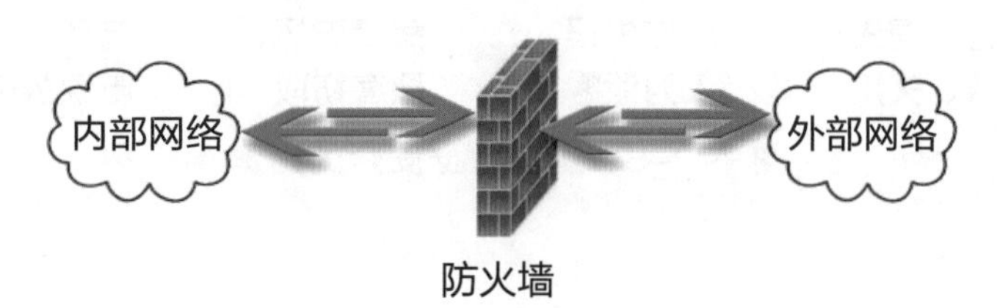

图 7–2–6 防火墙示意图

（3）计算机防护软件

保护计算机系统安全，首先要使用正版操作系统。安装好系统后，要第一时间安装防护软件，及时进行病毒库升级，定期对系统进行扫描。针对计算机的防护软件非常多，而且很多都是免费的，如 360 安全卫士、火绒安全、金山毒霸、瑞星杀毒等，如图 7–2–7 所示。杀毒软件依据病毒代码特征、程序或软件的高危操作、违规行为等对潜在的病毒、恶意软件、恶意广告、间谍软件、钓鱼网站、勒索软件等进行判断，并采取相应的保护措施，从而保障计算机系统的安全。

图 7–2–7 常见杀毒软件

（4）系统漏洞修复

系统漏洞是操作系统或应用软件在设计、开发过程中存在的缺陷或错误，如果被别有用心的人利用，通过漏洞可轻而易举地穿过防护系统，控制或攻击计算机，破坏或窃取数据。操作系统存在漏洞是无法避免的，但通过修复系统漏洞可有效防范风险；对于应用软件，则需要不断更新最新版本来避免漏洞。Windows 10 通过更新系统补丁的方式来修补系统中的漏洞。

3. 数据安全

影响数据安全的因素有很多，如图 7-2-8 所示。要确保数据安全，一是要掌握基本的信息安全知识；二是要养成良好的信息安全习惯；三是从技术角度做好防范，而最常见的技术防范措施包括数据备份和数据加密。

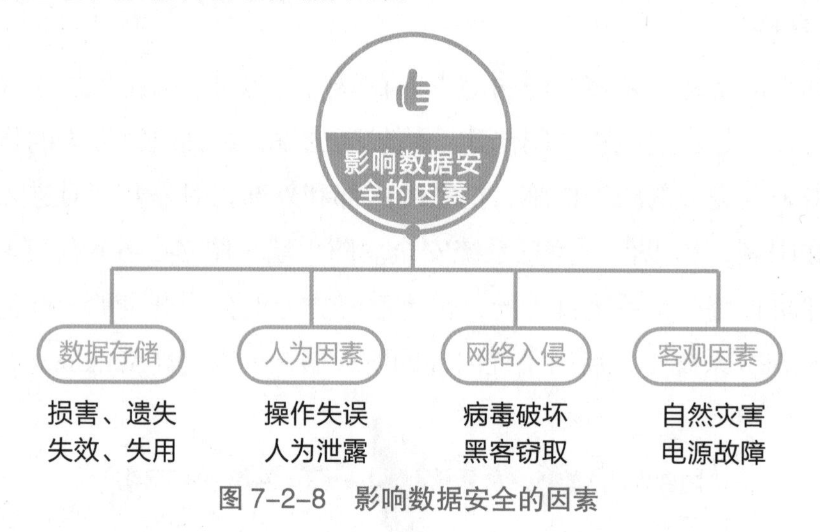

图 7-2-8　影响数据安全的因素

（1）数据备份

数据备份是保护数据最常见的方式，备份就是将重要数据复制一份或若干份进行保存，数据备份方式如图 7-2-9 所示。第一种方式是通过计算机外存储备份，如把数据复制到 U 盘、移动硬盘中，刻录到光盘中或者保存到其他存储介质中。第二种方式是云存储，安装云盘软件，申请云存储空间，将数据上传到云空间，如百度网盘、腾讯微云等。第三种方式是通过专用服务器进行数据备份，如家庭中购置 NAS 存储服务器、企业的灾备系统等。

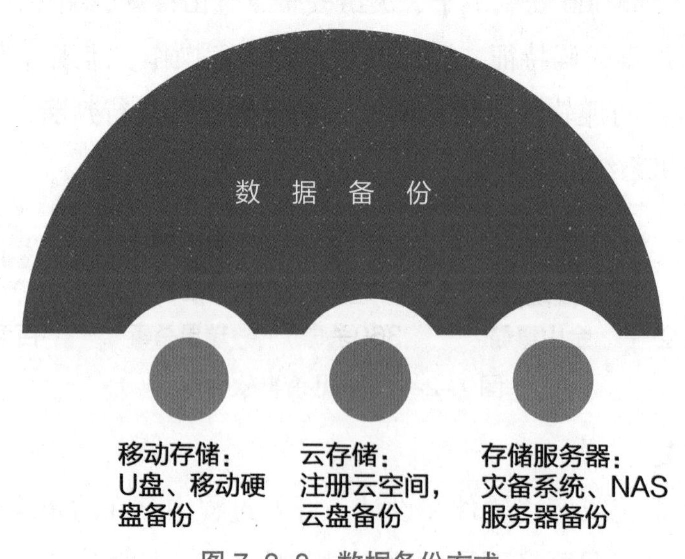

图 7-2-9　数据备份方式

实践活动

请调查统计本班级同学数据备份情况，填写在表 7-2-2 中，了解同学们的数据安全意识。

表 7-2-2 调查统计表

序号	数据类别	调查总人数	备份人数	备份人数占比	未备份人数	未备份人数占比
1	家庭照片					
2	手机通讯录					
3						
4						

（2）数据加密

加密是保护数据最重要的方式之一。中国是世界上最早使用军事密码的国家之一，早在东汉末年，就出现了反切注音方法对通信内容进行加密。据《武经总要》记载，在北宋时期，官方将战场上各种情况内容的情况归纳为 40 项，编成 40 条短语，分别编码，在行军打仗时，用约定的五言律诗做密钥，可以实现加密通信。

随着信息技术和密码学的发展，现代的数据加密更为复杂和多样，加密技术越来越成熟。数据信息通过加密，可以大大增加其在传输和存储过程中的安全，避免被破译和泄露。常见的传输过程加密技术有链路加密、节点加密、端到端加密方式；常见的存储加密算法有 DES 算法、RSA 算法等。

实践操作

1. 设置计算机密码

（1）设置 BIOS 密码

无论是笔记本电脑还是台式计算机都应该设置 BIOS 密码来保障系统安全。设置的方法大同小异，这里以设置台式计算机为例。

①计算机开机的时候按 Delete 键（不同品牌的计算机按键不同，请参看说明书），进入 BIOS 设置模式。

②选择密码设置选项，如图 7-2-10 所示。现在很多主板 BIOS 都支持中文，大大方便了用户，如图 7-2-11 所示。

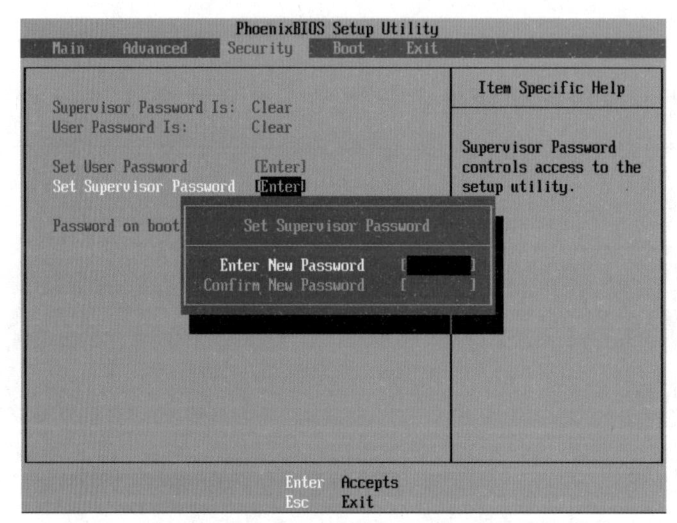

图 7-2-10　设置 BIOS 密码

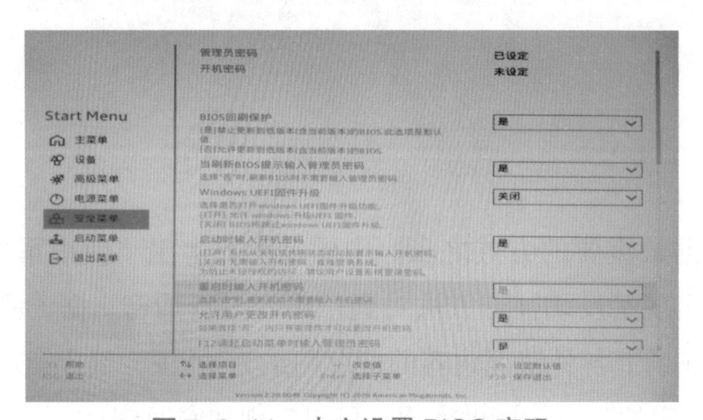

图 7-2-11　中文设置 BIOS 密码

（2）设置系统密码

Windows 系统登录密码在计算机管理中设置。在对应用户名上单击鼠标右键，弹出密码设置对话框，可设置对应用户密码，如图 7-2-12 所示。结合用户组和权限，能更灵活地管理计算机用户，保护系统和数据安全。系统密码设置成功后，计算机启动均需要输入正确密码才能使用，如图 7-2-13 所示。

图 7-2-12　设置系统密码

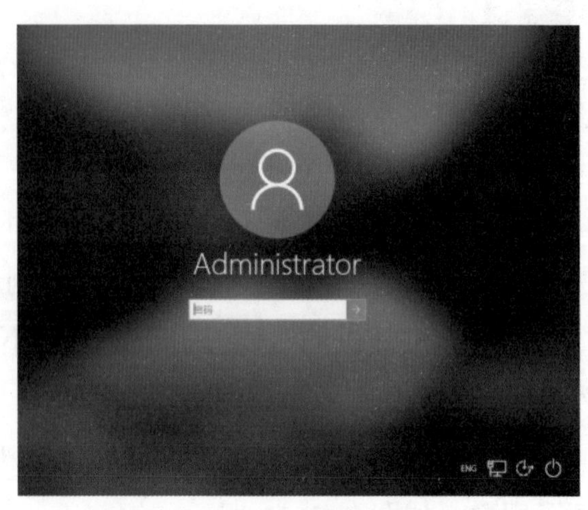

图 7-2-13　开机输入系统密码

2. 安装防护软件

（1）安装防护软件

计算机系统防护软件众多，在此以 360 安全卫士为例。它是一款集恶意程序防护、拦截、查杀，电脑故障修复，系统优化清理，网络安全防护等功能于一体的计算机安全防护软件，使用流程如图 7–2–14 所示。

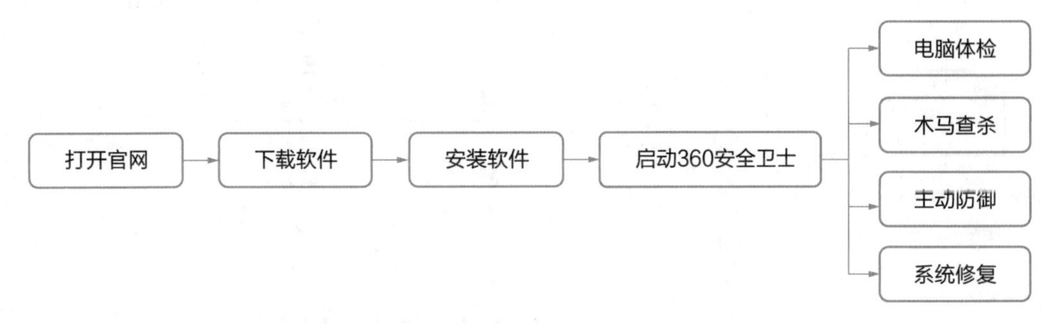

图 7–2–14　360 安全卫士使用流程

360 安全卫士提供电脑操作系统整体体检，木马病毒查杀，系统优化、清理等常见的电脑维护、病毒查杀功能。除此之外，360 安全卫士还提供了硬件驱动安装、系统漏洞修复、网络安全防护以及日常软件下载等电脑常用功能，如图 7–2–15 和图 7–2–16 所示。

图 7–2–15　主界面　　　　图 7–2–16　智能扫描

（2）常见系统维护

① Windows 10 系统防火墙设置流程如图 7–2–17 所示。

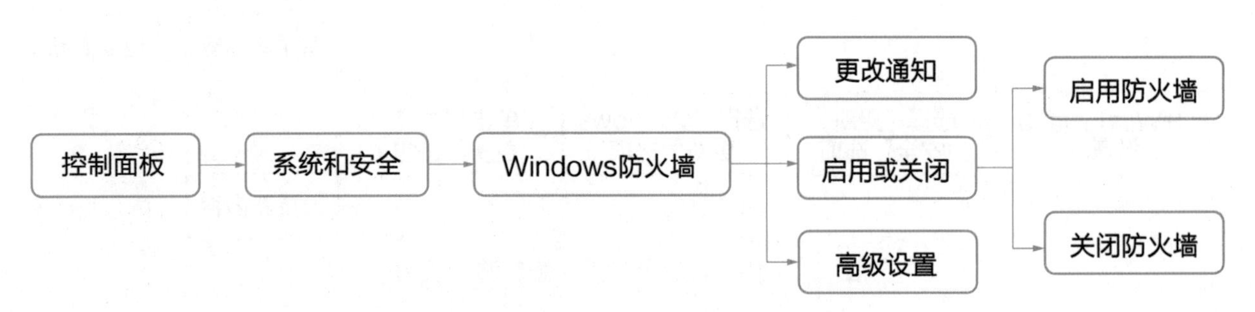

图 7–2–17　Windows 10 系统防火墙设置流程

打开 Windows 10 的“控制面板”页面，选择“系统和安全”选项，在弹出的“系统和安全”页面中执行“Windows 防火墙”→“检查防火墙状态”命令，这里可以对系统防火墙进行相关的设置，如启用或者关闭。在“专用网络设置”和“公用网络设置”区域选择“启用 Windows 防火墙”单选按钮，单击“确定”按钮，如图 7-2-18 所示。

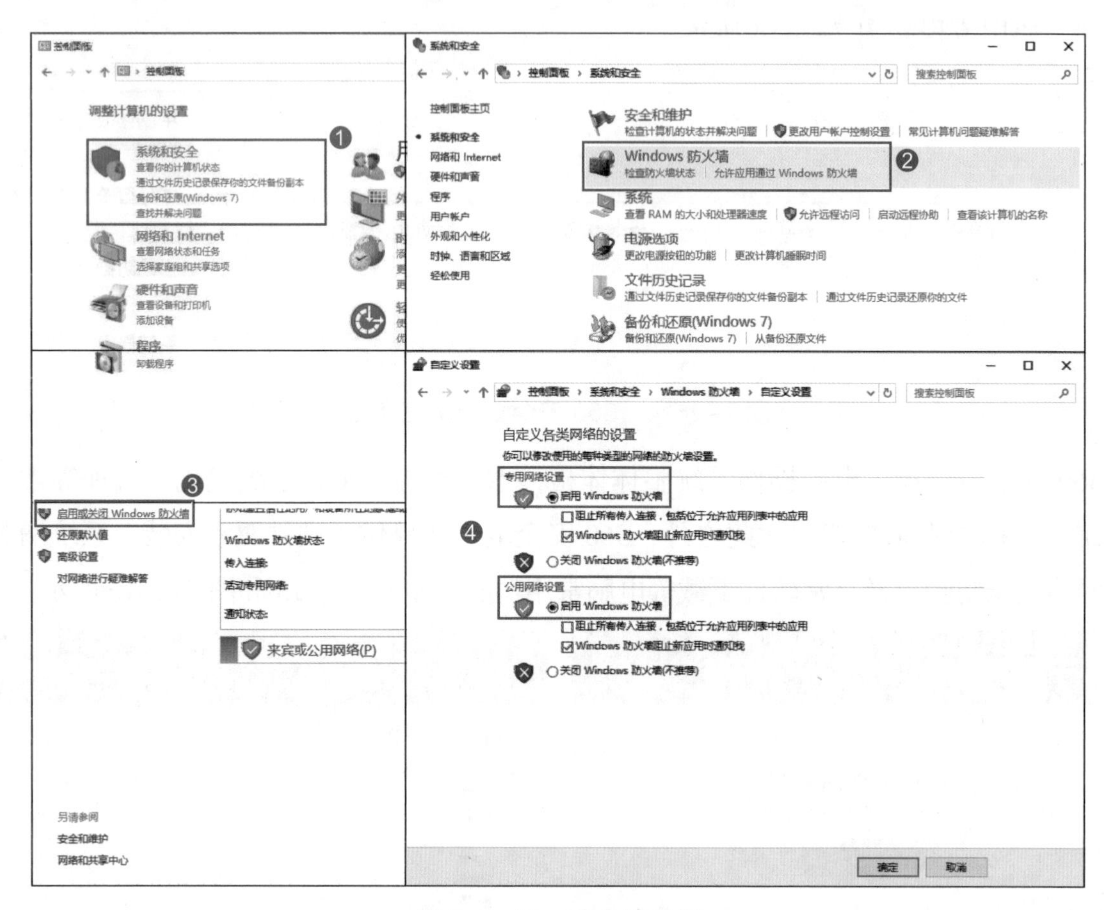

图 7-2-18　防火墙设置

Windows 防火墙还有其他功能，针对信息系统还有功能更加强大的软、硬件防火墙，防火墙技术、设备等还在不断地更新和换代，以应对日益复杂的网络攻击，感兴趣的同学还可以进行深入探索。

② Windows 10 系统漏洞修复流程如图 7-2-19 所示。

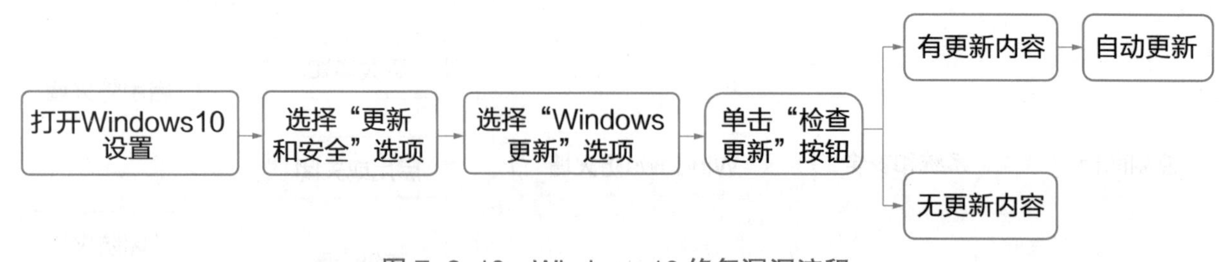

图 7-2-19　Windows 10 修复漏洞流程

打开 Windows 10 设置选项，选择“更新和安全”选项，如图 7-2-20 所示。更新程序运行完成后，系统将重新启动，完成重启，代表更新成功，漏洞修复完成。

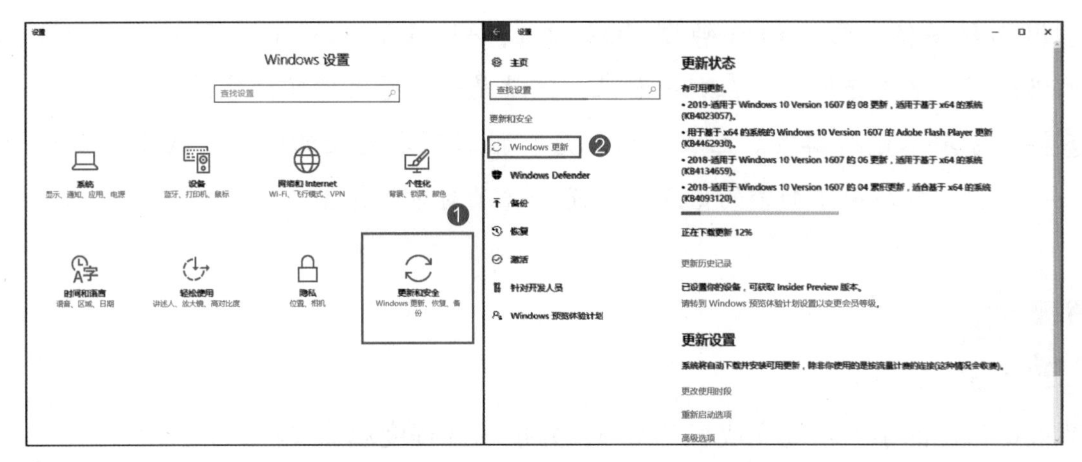

图 7-2-20 “Windows 10”更新页面

拓展延伸

数据加密小游戏

下面通过一个小游戏来体验数据加密、加密通信、解密的过程，假设甲要将信息加密传递给乙。

①编写密码本。要实现加密，需要确定加密算法，密码本就是一种简单的加密算法，如表 7-2-3 所示，分横码和竖码。需要表达的信息越多，密码本就越复杂。为了便于操作，此处编写 20 个字符的密码本，密码本只能甲乙知道。

表 7-2-3 密码本

横码 / 竖码	1	2	3	4	5
A	周	一	二	三	四
B	五	六	七	外	去
C	在	家	上	学	不
D	本	我	你	玩	，

②拟定传递信息。在密码本中选择文字，编写成要告知对方的信息。如这里甲想告诉乙，“我本周六上学，不在家”。

③依据密码本编码。按照密码本的对应关系，逐字编码。“我”字在密码本中的竖码是“D”，横码是“2”，其代码为“D2”。依次找出每个字的编码，如表 7-2-4 所示。

表 7-2-4 编码

文字	我	本	周	六	上	学	，	不	在	家
编码	D2	D1	A1	B2	C3	C4	D5	C5	C1	C2

④用编码通信。形成的编码为“D2、D1、A1、B2、C3、C4、D5、C5、C1、C2”，甲将编码抄写下来传递给乙。在别人看来，这就是一串毫无意义的字符。

⑤按照密码本进行解密。乙收到编码后，按密码本对应的顺序，找出编码对应的文字，一一列出，就还原了加密的信息，从而知晓了对方的意图。

请根据自己的学习情况完成表 7-2-5，并按掌握程度填涂☆。

表 7-2-5　自我评价表

知识与技能点	你的理解	掌握程度
计算机系统面临的安全威胁		☆☆☆
计算机系统的防护		☆☆☆
保障计算机数据安全		☆☆☆
设置计算机密码		☆☆☆
安装防护软件		☆☆☆
数据加密		☆☆☆
收获与心得		

举一反三

1. 在 Windows 10 操作系统中分别用“管理员用户”账户登录和“来宾用户”账户登录，体验操作权限的不同，探索通过用户权限保障系统安全。

2. 请尝试使用数据恢复软件（图 7-2-21）易我数据恢复、Easy Recovery 或金山数据恢复大师恢复删除了的照片。

易我数据恢复　EasyRecovery

金山数据恢复大师

图 7-2-21　常见数据恢复软件

3. 小小的舅舅忘记了台式计算机的 BIOS 开机密码，请你帮助他解决。

任务3 防护移动终端系统安全

任务描述

工业和信息化部发布的《2020年通信业统计公报》显示，2020年我国移动电话用户总数15.94亿，普及率达到113.9部/百人，远高于全球平均水平。因此各种移动终端的安全问题也愈发凸显，尤其是手机系统。

小小的舅舅要换一部新手机，请小小帮他把旧手机上的通信录、照片等数据转移到新手机，并帮他安装防护软件提高新手机的安全性，备份手机通信录以防丢失。

更换手机后要从以下几方面保障手机安全：首先应该设置手机密码、安装手机防护软件，保障手机系统安全；其次还应该养成良好的手机使用习惯。

感知体验

随着移动终端的兴起和互联网技术的不断进步，那些古老的盗窃、诈骗、骚扰手段也换了新颜，信息的泄露、被盗用更加“方便快速”。图7-3-1所示的情况你有没有经历过？你觉得这些“好事”真的是好事吗？

图7-3-1 “好事”

知识学习

1. 移动终端安全隐患

现在拥有多个移动终端设备的家庭比比皆是，移动终端包括笔记本电脑、手机、可穿戴设备、摄像头、智能家电等。移动终端面临的安全隐患如图 7-3-2 所示。

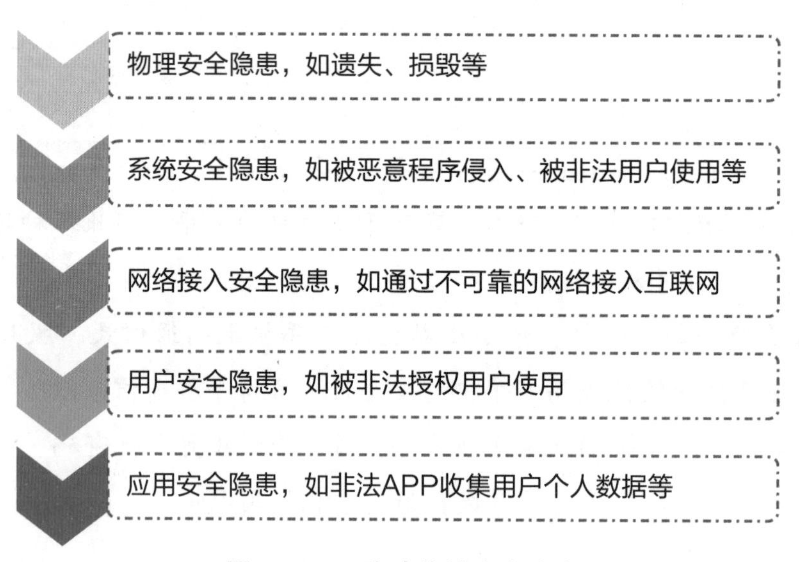

图 7-3-2　移动终端安全隐患

所有移动终端面临的安全风险和防护措施相似，这里就以手机为例来探索安全防护。

2. 手机安全保障

手机已经成为现代生活不可或缺的一部分，手机功能越来越多，尤其购物、出行订票、点餐订餐等都可以随时在手机上完成，养成良好的手机使用习惯将有助于保障手机系统安全（图 7-3-3）。

①设置符合要求的密码，尽量使用数字密码加生物密码。

②安装防护软件，经常备份重要数据。

③使用官方 APP，一是通过官网下载；二是在手机自带的应用商店中下载。

④要谨慎赋予应用权限，关闭自动登录，关注其网络流量是否异常。

⑤谨慎使用公共的 WiFi，公共的 WiFi 带来了很多的便利，但也增加了网络安全风险。

⑥谨慎扫描来路不明的二维码。

图 7-3-3　正确的手机使用习惯

实践操作

1. 手机防护软件维护

为确保手机系统安全，很多手机出厂就安装好了安全软件，能对手机系统进行病毒查杀、优化加速、手机清理等最基本的维护和安全防护。如小米手机和华为手机都安装了“手机管家”。图 7–3–4 所示为手机管家正在进行手机病毒扫描。手机管家还有其他很多功能，如图 7–3–5 所示。安装防护软件后，要定期对手机进行病毒扫描和系统维护，既可确保手机系统安全，又可以提高设备运行速度。

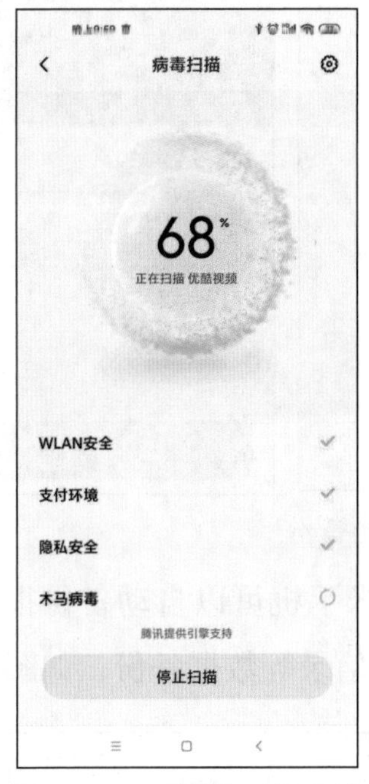

图 7–3–4　扫描手机病毒

图 7–3–5　手机管家的功能

2. 备份手机数据

（1）备份手机通信录

通信录是手机最重要的数据之一，每个手机上通信录的联系人少则几十多则上千，所以我们要妥善保存，但通信录意外丢失的情况不可避免，我们要学会恢复和备份通信录，这在以前看似是很麻烦的事，现在只需要几秒钟即可解决。备份和恢复手机通信录流程，如图 7–3–6 所示。

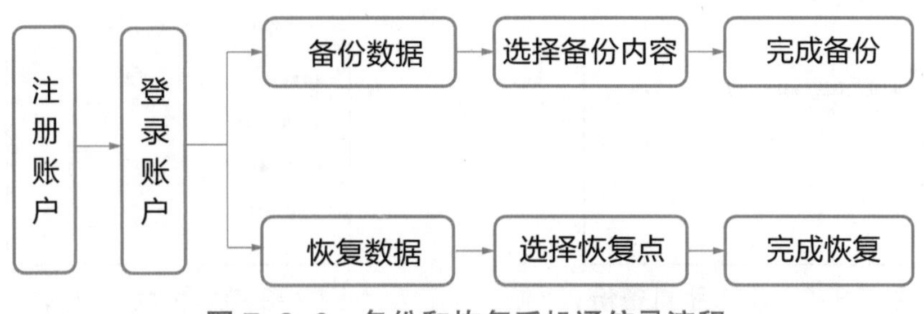

图 7–3–6　备份和恢复手机通信录流程

登录 360 手机卫士选择“工具箱”，再单击选择“手机备份”命令，可选择“备份数据”或“恢复数据”功能，选择备份的内容，既可以全选“联系人”“短信”，也可只选其中之一。备份或恢复数据成功后系统会有提示，操作步骤如图 7–3–7 所示。

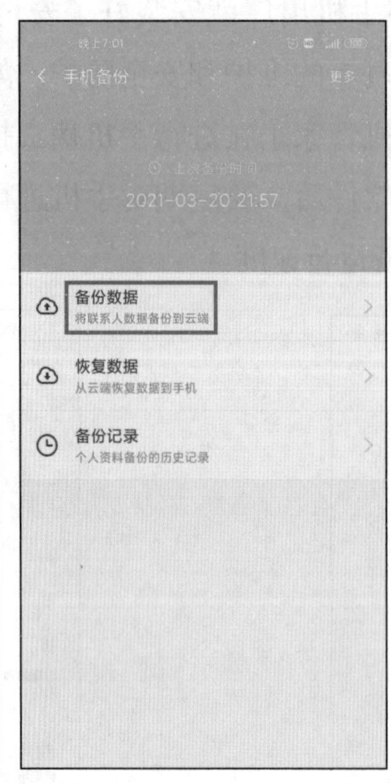

图 7–3–7　360 手机卫士备份

可备份通信录、短信等数据的软件非常多。小米手机可以自动备份很多数据，如图 7–3–8 所示。百度网盘也能进行文档、微信文件、通信录等数据备份，如图 7–3–9 所示。

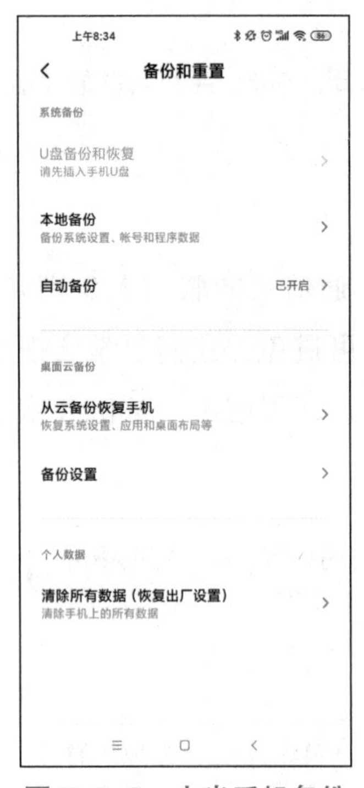

图 7–3–8　小米手机备份

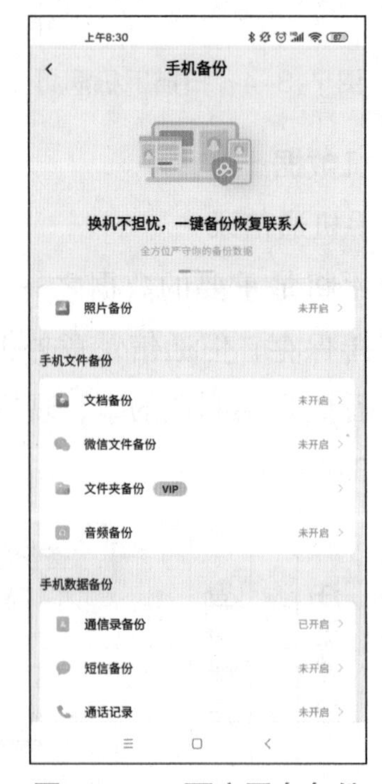

图 7–3–9　百度网盘备份

（2）备份手机照片

①备份到云空间。手机中往往存有大量手机相机拍摄的照片，为了预防照片遗失，可以对照片进行备份。备份有多种方法，很多手机都免费为用户提供云空间。比如小米手机用户可以直接备份手机照片等数据到云空间，如图 7-3-10 所示。另外也可以安装手机版百度网盘，备份手机上的各种数据，如图 7-3-11 所示。

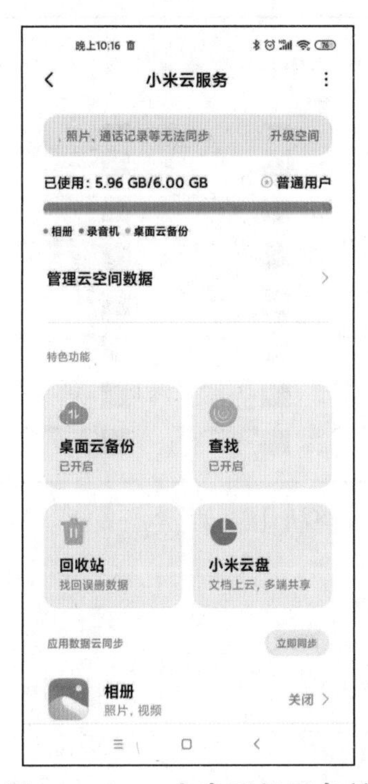

图 7-3-10　小米手机云备份

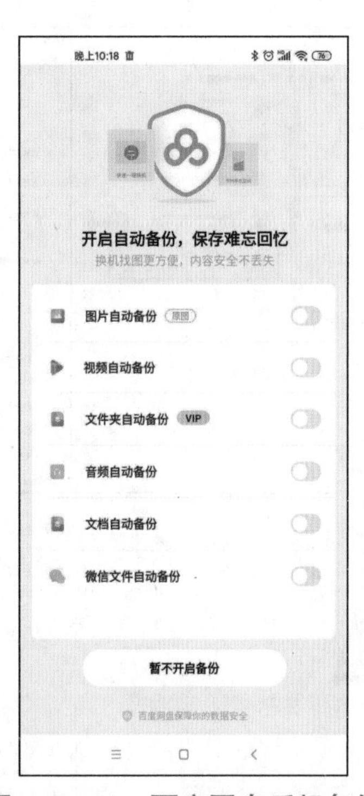

图 7-3-11　百度网盘手机备份

②备份到计算机。当然也可以将手机照片备份到计算机上。不同手机，其备份方式有所不同，这里以小米手机为例。用数据线把手机连接到计算机后，在手机上选择“传输文件”选项，这时在“我的计算机”中会多出一个手机型号的图标，单击进去后可以看到手机存储空间的使用情况，再单击进入，找到手机照片和视频保存的文件夹“DCIM”，进入并选择需要保存的图片和视频，复制到计算机保存即可，如图 7-3-12 所示。

图 7-3-12　手机照片备份到计算机（一）

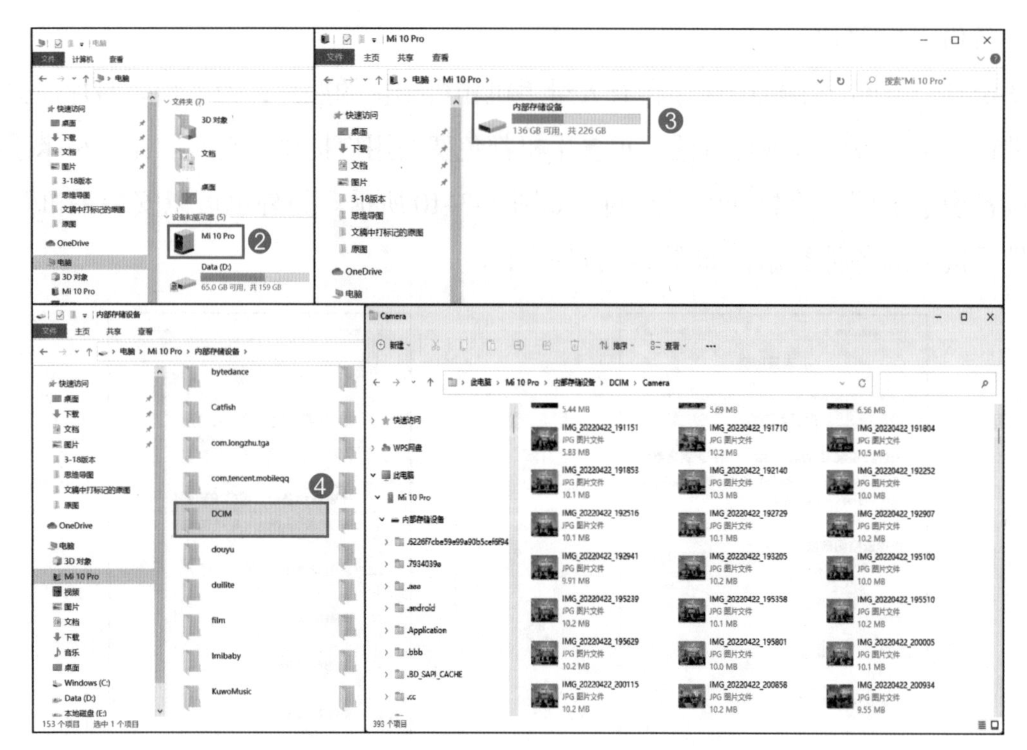

图 7-3-12　手机照片备份到计算机（二）

拓展延伸

最差密码

2019 年 12 月，网络安全公司 NordPass 公布 2019 年最容易被破解的密码，如表 7-3-1 所示，看看其中有你正在使用的密码吗？

表 7-3-1　2019 年最差密码排行榜

序　号	密　码	序　号	密　码	序　号	密　码
1	12345	8	g_czechout	15	1234
2	123456	9	asdf	16	abc123
3	123456789	10	qwerty	17	111111
4	test1	11	1234567890	18	123123
5	password	12	1234567	19	dubsmash
6	12345678	13	Aa123456	20	test
7	zinch	14	iloveyou		

自我评价

请根据自己的学习情况完成表 7-3-2，并按掌握程度填涂☆。

表 7-3-2　自我评价表

知识与技能点	我的理解（填写关键词）	掌握程度
手机系统面临的安全隐患		☆☆☆
安装手机防护软件		☆☆☆
备份和恢复手机通信录		☆☆☆
把手机照片备份到计算机上		☆☆☆
收获与心得		

举一反三

1. 手机遗失后会有哪些安全风险？应该采取哪些措施？
2. 更换新手机后，怎样清理旧手机上的数据，避免个人信息泄露？

专题总结

通过本专题的学习，对现代社会的信息安全有了初步的认识，了解了常见的信息安全隐患以及关于信息安全的法律法规，掌握了常见的信息系统攻击方式和防范措施，懂得了养成良好的信息安全意识和习惯的重要性。通过本专题的学习还了解到安装防护软件、修补系统漏洞等措施可让计算机和手机系统的安全性大大增强；对数据进行备份可以有效防止数据丢失；对文档或文件夹进行加密，可以提高数据的安全性。信息系统的类型有很多，采取的安全措施和防护等级差别很大，今后还应不断学习，丰富自己的信息安全知识，防范信息安全隐患。

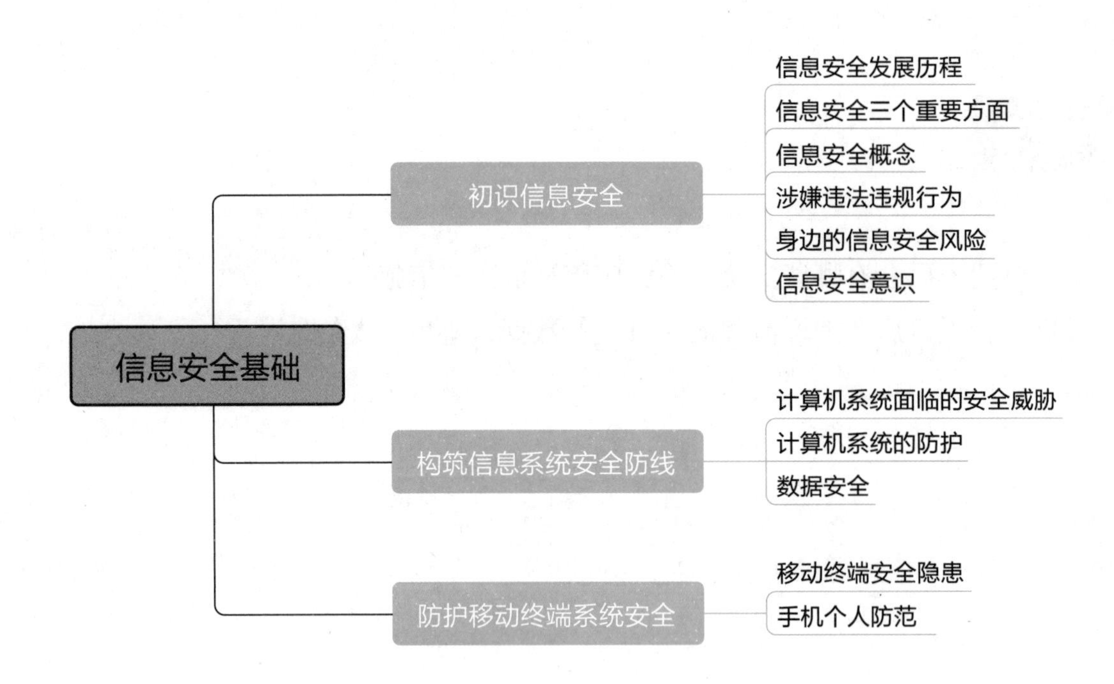

专题练习

一、单选题

1. 下列关于信息安全说法错误的是（　　）。

A. 信息安全包括存储信息介质的安全

B. 只要技术先进，就能保护信息安全

C. 信息安全与每一个人的工作和生活相关

D. 信息在传输过程中也面临很多安全风险

2. 信息安全三要素不包含（　　）。

A. 机密性　　B. 完整性　　C. 可用性　　D. 持久性

3. 非法控制计算机达（　　）台，即达到判刑标准。

A. 10　　B. 20　　C. 30　　D. 40

4. 下列不能防范信息安全隐患的是（　　）。

A. 计算机安装杀毒软件　　B. 手机安装防护软件

C. 密码设置一般不少于6位　　D. 自己使用家用计算机可不设置密码

5. 下列做法可能带来安全隐患的是（　　）。

A. 通过服务器备份数据　　B. 把数据加密后再备份

C. 把个人私密信息保存到U盘中　　D. 通过云盘软件，实时备份重要数据

6. 下列行为习惯中正确的是（　　）。

A. 在网络中发布他人隐私信息　　B. 利用木马软件侵入其他电脑

C. 使用盗版破解软件　　D. 不点击短信中提供的链接

7. 对于个人重要信息，下列说法错误的是（　　）。

A. 个人电话、姓名属于个人重要信息

B. 公开的个人信息可以买卖

C. 快递包装有泄露个人信息的隐患

D. 个人信息存储时应加密

8. 下列不是计算机系统面临的安全威胁的是（　　）。

A. 网络病毒入侵　　B. 未设置密码

C. 黑客攻击　　D. 通过有线网络上网

9. 下列不是手机系统面临的安全威胁的是（　　）。

A. 随意扫二维码　　B. 手机存储空间已满

C. 未设置锁屏密码　　D. 连接WiFi蹭网

10. 下列不能进行手机安全防护的是（　　）。

A. 小米手机管家　　B. 腾讯手机管家

C. 360 手机卫士　　D. 百度网盘

二、判断题

1. 密码设置使用的符号类型越多、长度越长越安全。（　　）

2. 手机上收到一条短信，并提供了一个链接，可以点击此链接交水电费。（　　）

3. 网络中没有使用自己真实的姓名，可以随意发表言论。（　　）

4. 通过加密可以极大地提高数据的安全性。（　　）

5. 病毒是危害信息安全的主要因素。（　　）

三、实践操作题

1. 结合“4・15”全民国家安全教育日，为老师制作一份演示文稿，用于班级全民国家安全教育主题班会。

2. 检查家用计算机上是否安装了杀毒软件，如果没有安装，请安装一种。如果安装了，请使用杀毒软件对计算机 D 盘进行杀毒扫描。

3. 请使用一种手机防护软件，对手机垃圾文件进行清理。

专题8 人工智能初步

我国高度重视人工智能（Artificial Intelligence，AI）的发展与创新，在《中华人民共和国国民经济和社会发展第十四个五年规划和2035年远景目标纲要》中，明确将人工智能定位为事关国家安全和发展全局的基础核心领域。人工智能对促进社会经济发展、丰富人们生活的重要价值众所皆知，其在智能机器人、智能无人机、无人驾驶、智能家居、智能医疗等涉及国计民生的诸多领域均呈现爆发式发展态势。基于人工智能的新技术、新模式、新业态和新产业已成为新一轮科技革命和产业变革的核心驱动力。

专题情景

最近两年，小小发现身边的很多事物都发生了明显的变化，如火车站进站验票更换为人脸识别系统、多种输入法软件都已经实现语音输入、一些城市已经有无人超市在营业、无人驾驶汽车逐步进入消费市场等。为适应人工智能对个人未来职业发展带来的影响，小小计划加强对人工智能知识的学习。

学习目标

1. 了解人工智能的发展和应用领域，感受和体验人工智能在生产、生活中的典型应用。
2. 了解人工智能的基本原理。
3. 认识人工智能对人类社会发展的影响。
4. 了解机器人的发展和应用领域。

任务 1 初识人工智能

日常生活中，我们有很多场景都用到了人工智能的技术，如汽车车牌识别、人脸识别、语音输入等。为了了解人工智能的相关原理和应用领域，小小开始了人工智能相关知识的学习和探索。

要学习人工智能，首先需要了解什么是人工智能，通过感受和体验人工智能在生产、生活中的典型应用，了解人工智能的基本原理。

感知体验

新冠肺炎疫情暴发以来，我国政府坚持人民至上、生命至上，举全国之力，快速有效地调动全国的资源和力量，不惜一切代价维护人民生命安全和身体健康。我国许多科技企业也纷纷加快产品研发，将科技力量转换为疫情防控力量，其中比较典型的就是将红外测温仪与人脸识别技术进行组合，帮助各个公共区域构建应对疫情的“科技防线”。小小返回学校以后，就发现学校增加了集测温和人脸识别为一体的智能设备，如图 8-1-1 所示。这套设备既可以对进校的人员进行自动测温，又可以通过人脸识别进行身份验证。只有人体温度正常且通过人脸识别验证的人员，闸机才会自动开放，允许其进入校园。

请结合生活实际，讨论在哪些场合也用到了类似的设备。

图 8-1-1　测温和人脸识别一体化设备

知识学习

1. 智能和人工智能

（1）智能

人类和动物的根本区别就是能制造和使用工具，而制造和使用工具的前提就是必须具有高级智能。智能一般是指人在认识和改造客观世界的活动中，由思维过程和脑力活动所体现出来的智慧和能力，是人脑的属性或产物。人类智能主要包含三个方面：思维能力、感知能力、行为能力。图 8–1–2 所示的中国象棋活动就是思维能力、感知能力和行为能力几个方面的综合体现。

图 8–1–2　中国象棋活动

（2）人工智能

人工智能是研究或开发用于模拟、延伸和扩展人类智能的理论、方法、技术及应用的一门新的学科。

在日常生活中，如果一台机器或设备能够模拟人类进行许多活动，比如能够看懂图片或者视频、能够与人类进行语言和文字上的对话与交流、能够进行不断自我学习来完善知识储备、能够驾驶汽车或者飞机等，就可以认为这台机器或设备已经具备了某种性质的人工智能。

目前，人工智能的研究方向主要包括计算机视觉、语音识别和自然语言处理几个方面，如图 8–1–3 所示。

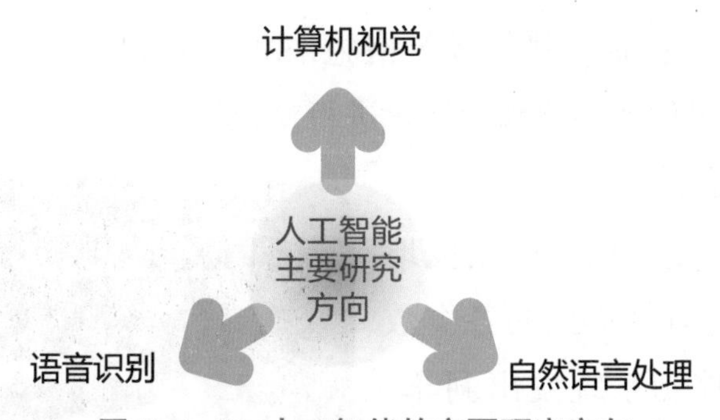

图 8–1–3　人工智能的主要研究方向

“看”是人类与生俱来的能力，人们可以在看到的各种景象中找出关注的重点，可以通过“听”和“说”来进行有效的沟通和交流，而计算机视觉、语音识别和自然语言处理就是为了提高机器在这些方面的处理能力。

2. 人工智能的发展历程

1956 年，美国一批来自数学、心理学、神经生理学、信息论和计算机科学等方面的专家学者，在达特茅斯学院召开了一次研讨会，正式提出了“人工智能”这一术语。从此，人工智能作为一门学科诞生了。人工智能的发展大致分为三个阶段，如表 8–1–1 所示。

表 8-1-1　人工智能的发展历程

阶段	时间	人工智能的发展
第一阶段	20 世纪 50—80 年代	这一阶段处于人工智能诞生早期，基于抽象数学推理的可编程数字计算机已经出现，但由于很多事物不能形式化表达，建立的模型存在一定的局限性，且随着计算任务的复杂度变高，人工智能发展遇到了瓶颈
第二阶段	20 世纪 80—90 年代	在这一阶段，专家系统得到快速发展，数学模型有重大突破，但由于专家系统在知识获取、推理能力等方面的不足，以及开发成本高等原因，人工智能的发展又一次进入低谷期
第三阶段	21 世纪初至今	随着大数据的积聚、理论算法的革新、计算能力的提升，人工智能在很多应用领域取得了突破性进展，迎来了又一个繁荣时期

3. 人工智能的主要应用领域

人工智能虽然是一门新的学科，但其应用的领域十分广泛。目前，人工智能在智慧交通、智能制造、智能物流、智能安防、智慧农业等领域的应用已较为成熟。

（1）智慧交通

人工智能在智慧交通的应用包括交通疏导与管控、自动驾驶等方面。交通疏导与管控主要是通过智能联动、匝道流量管控等措施来减少交通拥堵，还能对实时交通事件进行快速响应和处理，全过程数字化和智能化进行交通管控。

自动驾驶技术是利用摄像头、雷达、传感器来感知周围的环境，使用高精度地图确定自身位置，通过对收集到的各类数据进行决策，然后向控制系统发出刹车、加速、变道等各种指令，以实现自动驾驶的目的。其应用场景如图 8-1-4 所示。

图 8-1-4　行驶中的自动驾驶汽车

（2）智能制造

智能制造领域的典型应用是工业机器人。工业机器人是一种具有自动控制操作和移动功能，能够完成各种作业的可编程的操作机器。图 8-1-5 所示为焊接工业机器人的应用场景。

（3）智能物流

人工智能在智能物流的应用方面，能够实现订单→生产→物流→运输→配送→门店

（个人）的智能物流全流程贯通。图 8-1-6 所示的自动分拣设备上就装配有自动扫码系统，系统在读取条码后，可以获得包裹上的地址信息，进而实现自动分拣。

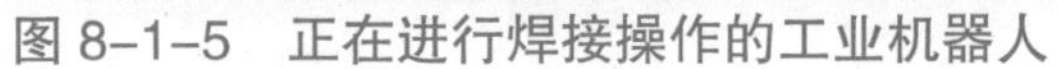
图 8-1-5 正在进行焊接操作的工业机器人

图 8-1-6 快递自动分拣设备

（4）智能安防

智能安防通常是指运用智能图像识别技术，对相关场景的人员或生产设备进行智能监控和实时预警，帮助安防人员或生产管理人员进行智能化管理。如校园智能安防系统可以充分地分析监控摄像头的数据，对出现的各种异常行为进行预警，如图 8-1-7 所示。

（5）智慧农业

智慧农业可实现农业生产环境的智能感知、智能预警、智能决策、智能分析、专家在线指导等，为农业生产提供精准化种植、可视化管理、智能化决策等服务。图 8-1-8 所示为智能乡村信息管理平台。

图 8-1-7 校园智能安防系统

图 8-1-8 智能乡村信息管理平台

讨论活动

人工智能在智慧教育、智能制造、智慧农业、智能物流、智慧交通、智慧金融、智能家居等各个领域中还有很多的应用，请讨论上述领域的其他应用场景，并与其他同学分享。

4. 人工智能的基本原理

在人工智能诞生之初，人们以为只要赋予机器逻辑判断能力，机器就可以具备像人类一样的智能。但人们逐渐发现仅让计算机具备逻辑判断能力，还远远达不到智能的程度。人们判断一件事情，往往需要有大量的知识储备作为基础，而计算机却没有这样的知识储备。

让机器具备知识储备的办法就是让机器具备学习的能力，于是科学家们就提出了机器学习的概念，尝试让机器像人类一样可以自己查阅资料学习，并可以根据学习的内容来不断完善自身的性能。

机器学习和人类学习本质的区别在于，人类可以通过少量的数据特征，判断或推断出多数特征，能举一反三。而机器学习通常依赖高效的算法模型和大量的数据进行训练，才能达到预期的目的。

例如，人类和机器对篮球和足球的识别过程，就能体现人类学习和机器学习的本质区别，如图 8–1–9 所示。

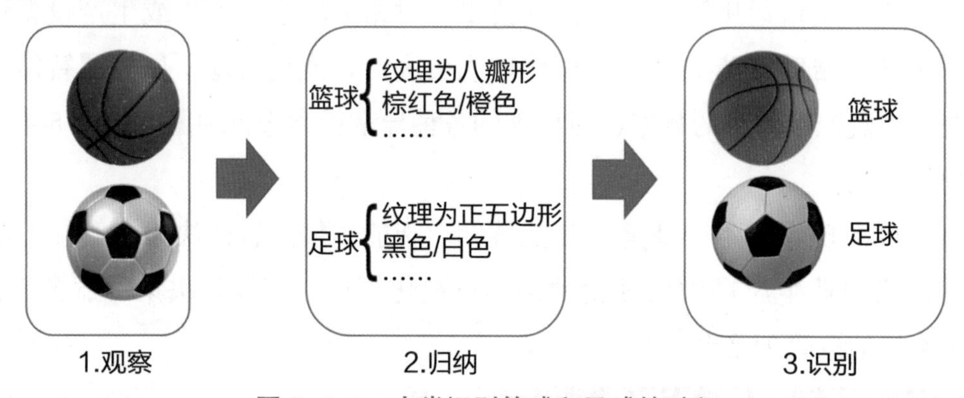

图 8–1–9　人类识别篮球和足球的过程

从图 8–1–9 可以看出，人类的大脑在对篮球和足球的识别上，经历了“观察→归纳→识别”的过程。而机器识别的过程为：先采集大量关于篮球和足球的照片，再使用计算机程序得到篮球和足球的特征，并分别对篮球和足球的特征进行建模，最后根据建立的模型（特征）进行识别，经历了“学习→用程序得到特征并建模→识别”的过程，如图 8–1–10 所示。

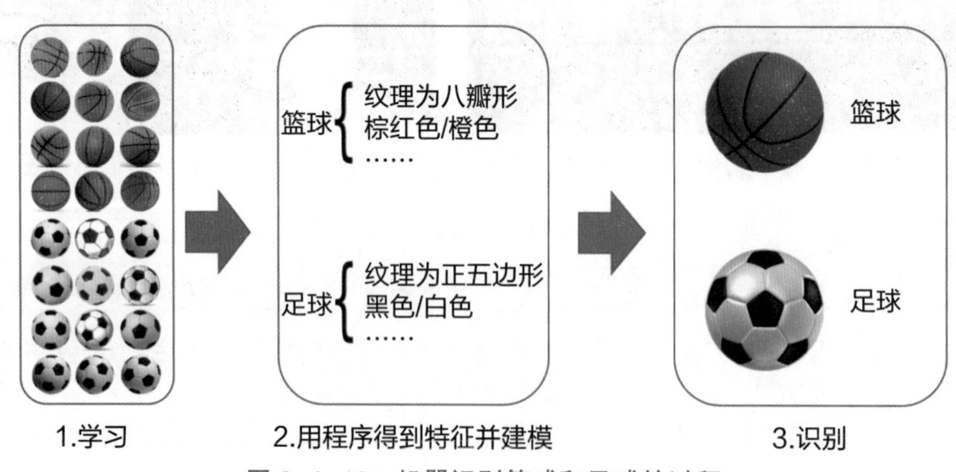

图 8–1–10　机器识别篮球和足球的过程

随着计算机运算能力的不断增强，可以利用的数据资源越来越多，科学家开始构建新的算法，让机器进行深度学习。计算机在深度学习后构建出一个巨大的多层神经网络，在大量的数据输入以后，让神经网络中的每一个神经元都参与计算、存储、传导、纠错和优化，最后输出结果，进而达到逼近人类大脑智能反应的目的。

若要结构化地描述人工智能，从下往上依次是基础设施、算法、技术方向、具体技术、行业解决方案，如图 8-1-11 所示。

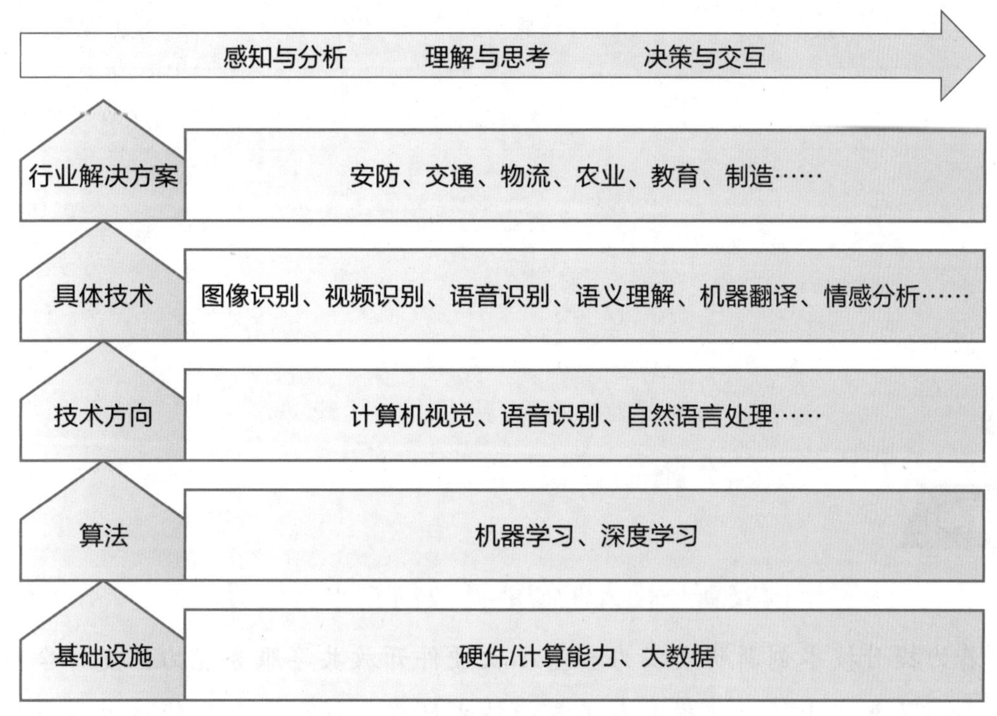

图 8-1-11　人工智能层次结构图

目前，机器学习在人工智能的计算机视觉、自然语言处理、语音识别等多数领域发挥了非常重要的作用。而且，由于机器不像人类容易受疲劳等生理因素影响，其工作效率远远超过了人类。

5. 人工智能的前景与伦理

人工智能技术经过多年的发展，在各个行业的应用相继出现了爆发式的增长，成为一种新的生产要素，极大地提高了生产力。未来的人工智能将会从专业性较强的领域逐步拓展到生活的各个领域，进而转变成为通用智能来推动新一轮的产业革命。也正是因为人工智能的巨大发展潜力，许多国家都将人工智能的发展列入了国家的重要战略发展规划。

人工智能的发展有着迅猛的速度和巨大的潜力，除了人们所期待的美好发展愿景外，也带来了在伦理道德、法律控制、规范管理等层面的隐忧。为此，各个国家和相关机构都对该问题高度重视，在注重人工智能技术的发展造福人类的同时，加强了对未来人工智能发展的法律、道德和规范方面的约束，只有这样才可以保证人类和智能机器的和谐共处。

探究活动

请根据学习的知识，对生活中常见的人工智能应用场景进行调研，分析这些场景属于人工智能的哪些技术方向，完成表 8-1-2。填写完成以后，进行交流与分享。

表 8-1-2　人工智能应用调研表

应用的场景	解决的问题	使用的主要技术
学校人脸识别门禁系统	刷脸验证身份后打开闸机	计算机视觉

拓展延伸

国家新一代人工智能开放创新平台建设

为了着力提升技术创新研发实力和基础软硬件开放共享服务能力，支撑全社会创新创业人员、团队和中小微企业投身人工智能技术研发，促进人工智能技术成果的扩散与转化应用，使人工智能成为驱动实体经济建设和社会事业发展的新引擎。2017 年 11 月科技部相继公布了百度、阿里云、腾讯、科大讯飞、华为、小米、京东、360 等十几家公司入围国家人工智能开放创新建设平台名单。

依托百度公司建设自动驾驶国家人工智能开放创新平台。截至 2021 年 4 月份，百度智能驾驶创新平台已迭代 9 个版本；开源代码超过 70 万行，使用者约 6 500 万人，覆盖 97 个国家和地区，包括俄罗斯、南美洲等；涵盖国内外 200 多所高校、300 多家企业。

依托腾讯公司建设医疗影像国家人工智能开放创新平台。腾讯公司推出一款人工智能医学影像产品——腾讯觅影，它将图像识别、大数据处理、深度学习等人工智能领先技术与医学跨界融合研发而成，辅助医生进行疾病筛查和诊断。短短半年，“腾讯觅影”就已实现了单一病种到多病种的应用扩张，从早期食管癌筛查拓展至肺结节、糖尿病视网膜病变、胃癌、乳腺癌等疾病筛查，并落地全国 100 多家三甲医院，帮助医生提升诊断效率和准确率，共同推动人工智能技术与医院能力相结合。

依托科大讯飞公司建设智能语音国家人工智能开放创新平台。科大讯飞语音识别领域斩获多项国际大奖，相关技术已达到全球领先水平，包括声音定位、语音检测、语音识别、复杂场景下的语音分离等。在国际多通道语音识别大赛（CHiME-6）中，科大讯飞连续三年斩获冠军，将语音识别错误率从 CHiME-5 的 46.1% 降低到了 30.5%。

依托华为技术有限公司建设基础软硬件国家新一代人工智能开放创新平台。其中，昇腾基础软硬件平台，包括 AI 处理器、服务器硬件、芯片使能软件、MindSpore 全场景 AI 计算框架和应用使能平台 MindX，从基础软件到应用实现了全覆盖。

自我评价

请根据自己的学习情况完成表 8-1-3，并按掌握程度填涂☆。

表 8-1-3　自我评价表

知识与技能点	我的理解（填写关键词）	掌握程度
人工智能的概念		☆☆☆
人工智能的主要研究方向		☆☆☆
人工智能的主要应用领域		☆☆☆
人工智能的简单原理		☆☆☆
人工智能的发展前景		☆☆☆
收获与心得		

举一反三

请同学们通过网络查找关于人工智能的学习资料，并通过教学资源中的人工智能三维仿真软件和视频来体验相关技术的应用。

任务 2 了解机器人

随着科技的发展，机器人除了在制造业和工业领域被大批量应用外，还在服务、娱乐、安防、军事等各个领域发挥着重要的作用。

小小通过人工智能的初步学习，对人工智能已经有了一定的了解，而且还联想到了生活中很多场景都用机器人在完成各种工作。要学习机器人的相关知识，就得先了解什么是机器人、机器人和人工智能之间的关系以及机器人在生活中的应用等。

感知体验

由于人工智能技术的迅猛发展，很多企事业单位都摒弃了传统的人工客服，转而在其官方网站或者手机 APP 上提供智能客服机器人服务，我们只需要在智能客服机器人的窗口中输入相关问题，就会得到相应答复。

打开中国邮政速递物流官方网站，在右侧单击在线客服图标后，选择相关问题，系统就会根据客户所提的问题进行自动处理，如图 8-2-1 所示。

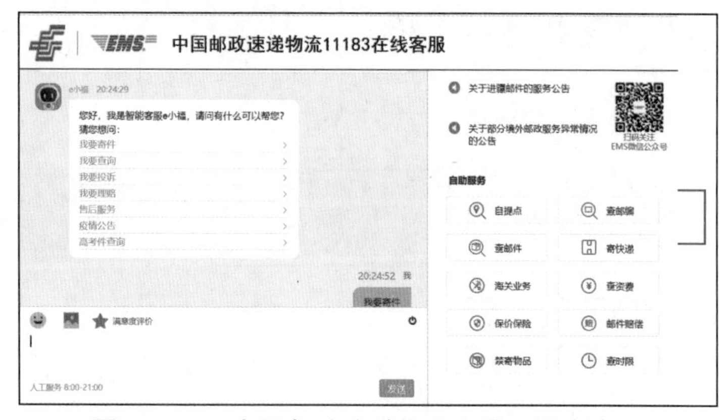

图 8-2-1 中国邮政速递物流客服机器人窗口

请结合生活实际，讨论在哪些其他场合应用到机器人。

知识学习

虽然“机器人”（Robot）一词很早就出现在各种科幻书籍或者电影中，但实际上第一台机器人直到 20 世纪中叶才诞生于美国，主要用于实现自动搬运的工作。目前，机器人经过几十年的发展，已经在智能制造、家庭服务、医疗、军事等领域大显身手。

国家标准《机器人与机器人装备 词汇》(GB/T 12643—2013) 把机器人定义为:“具有两个或两个以上可编程的轴，以及一定程度的自主能力，可在其环境内运动以执行预期的任务的执行机构。” 图 8-2-2 所示为我国自主创新名为“妙手”的远程医疗机器人。

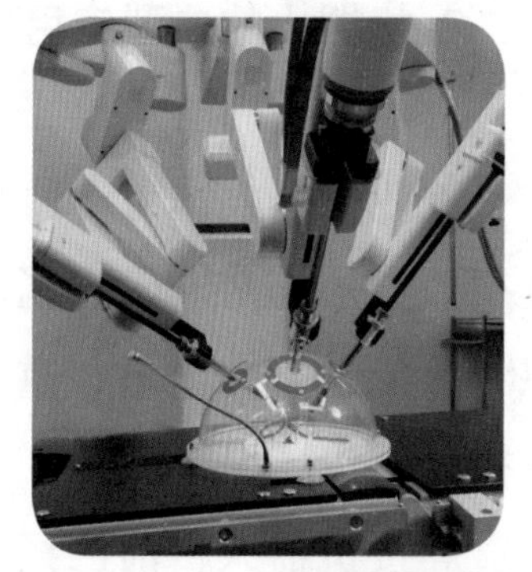

图 8-2-2 远程医疗机器人

1. 机器人的分类

按照机器人的应用领域、用途、结构形式和控制方式可以将机器人分为工业机器人和服务机器人两种，如图 8-2-3 所示。

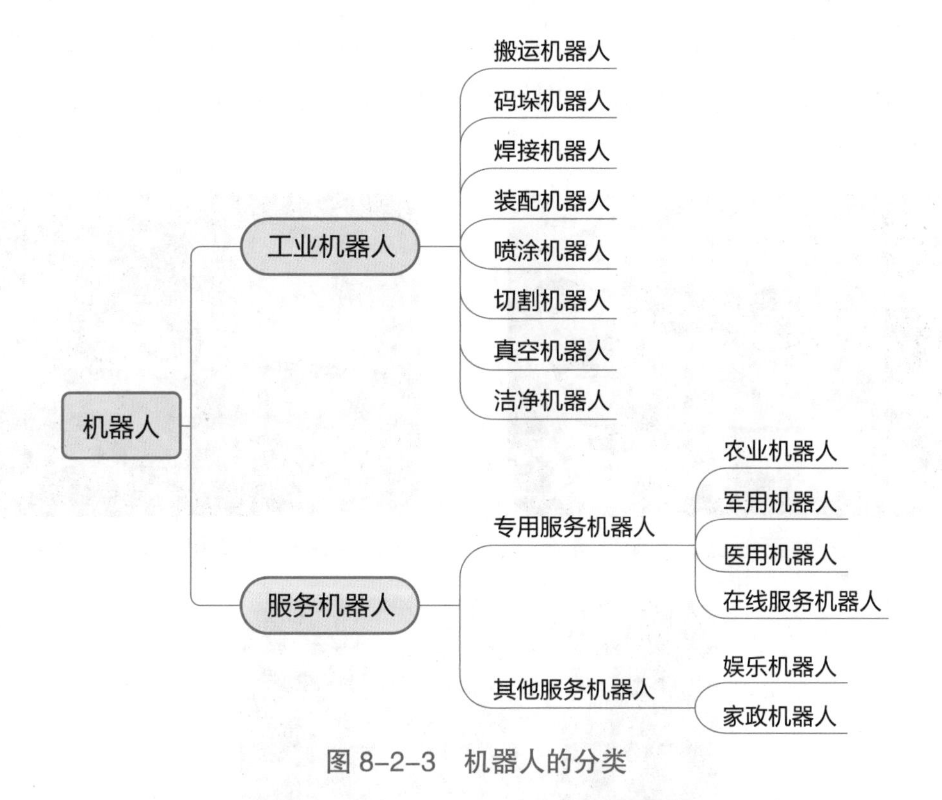

图 8-2-3 机器人的分类

国际标准化组织将工业机器人定义为：是一种具有自动控制的操作和移动功能，能完成各种作业的可编程操作机。

我国在《国家中长期科学和技术发展规划纲要（2006—2020 年）》中对服务机器人的定义为：智能服务机器人是在非结构环境下为人类提供必要服务的多种高技术集成的智能化设备。

由此可见，机器人与人工智能是两个不同的概念，但是它们之间又存在联系。简单来说，人工智能是一门综合性的科学技术，而机器人是人工智能的一种应用载体。

探究活动

请使用网络查询我国近年来颁布的有关机器人的重要政策，归纳后进行分享。

2. 机器人的典型应用

（1）工业机器人

工业机器人作为一种典型的机电一体化数字设备，可以广泛地应用于各个制造领域，其行业发展态势非常迅猛。工业机器人的应用除了可以有效节约人力资源成本外，还可以将人们从部分繁重、重复的工作中解放出来，从事更加具有创造性的工作。常见的工业机器人包括焊接机器人、码垛机器人、喷涂机器人等。

焊接机器人目前已经广泛应用于各种制造业，通过焊接机器人进行焊接，可以极大地提高焊接的质量。图 8-2-4 所示为汽车生产线上的焊接机器人。

码垛机器人主要用于各类重型物资的搬运，其工作场景如图 8-2-5 所示。

喷涂机器人广泛应用于室内外墙壁的喷涂、产品表面喷涂等工作。如，外墙喷涂的高空作业采用喷涂机器人进行喷涂可以降低发生安全事故的风险，图 8-2-6 所示为喷涂机器人工作场景。

图 8-2-4　汽车生产线上的焊接机器人

图 8-2-5　码垛机器人正在堆放产品

图 8-2-6　喷涂机器人正在外墙进行高空作业

（2）服务机器人

服务机器人的出现和应用都要晚于工业机器人，但目前，服务机器人已经走向了各行各业，也走进了千家万户。服务机器人主要包括个人与家庭服务机器人、医疗机器人、在线服务机器人、军用机器人与特殊应用机器人等。

在个人与家庭的应用方面，机器人主要应用于智能家居、娱乐教育、安全健康和信息服务等几个领域。该领域辐射范围大、受众范围广，是目前服务机器人行业发展最为成熟、竞争最为激烈的领域。

医疗机器人主要用于为病人手术、健康咨询、医用影像分析等。军用机器人主要用于战场侦察、危险任务执行、物资保障、工程保障等方面，可以在地面、水下、空中执行各种军事任务。

特殊机器人主要应用于消防、农业、测绘等领域。其典型的应用有消防灭火机器人、自动采摘机器人和测绘无人机等。

服务机器人的部分应用场景如图 8-2-7 所示。

（a）（b）（c）（d）

图 8-2-7 服务机器人的部分应用场景

（a）医疗机器人；（b）消防机器人；（c）自动采摘机器人；（d）测绘无人机

探究活动

中国青少年机器人竞赛是中国科协面向全国中小学生开展的一项将知识积累、技能培养、探究性学习融为一体的普及性科技教育活动。访问中国青少年机器人竞赛官方网站，了解该赛事具体内容，互相交流或分享，尝试报名参加相关的比赛活动。

拓展延伸

中国机器人“祝融号”成功登陆火星

2021 年 5 月 15 日，“天问一号”火星探测器所携带的“祝融号”火星车（图 8-2-8）及其着陆组合体，成功降落在火星北半球的乌托邦平原南部。这是我国执行火星任务取得胜利的一次历史性壮举。

图 8-2-8 “祝融号”火星车

火星上并不是一片“坦途”，随机出现的尖锐砂石会轻易破坏火星车的动力系统，且这些伤害会逐渐累积，对火星车造成巨大威胁。因此，“祝融号”火星车的车身被设计成了可升降的主动悬架结构，能够自由转向，六个轮子均独立驱动，多轮悬空的条件下依然能自由移动。在极端地形中，“祝融号”火星车还能重新设计轮子驱动方案以实现“蠕动”“蟹行”和“踮脚”等复杂机械操作，成为一辆不折不扣的“火星六驱越野车”，以提高驾驶安全性。

自我评价

请根据自己的学习情况完成表 8-2-1，并按掌握程度填涂☆。

表 8-2-1 自我评价表

知识与技能点	我的理解（填写关键词）	掌握程度
机器人的概念		☆☆☆
机器人的种类		☆☆☆
机器人与人工智能的区别		☆☆☆
机器人的主要应用领域		☆☆☆
收获与心得		

请根据自己的认知，谈一谈人工智能对个人未来发展的影响。

专题总结

通过本专题的学习，对人工智能和机器人有了初步的认识，了解了人工智能的概念和发展历程，知晓了人工智能的主要应用领域，探究了人工智能的基本原理，展望了人工智能的发展前景，掌握了机器人的相关概念、分类和应用领域。通过本专题的学习使我们更加清楚人工智能和机器人技术在学习、生活、工作、生产等方面的运用及重要性，为以后提高生产效率、服务质量等提供更佳的解决方案。

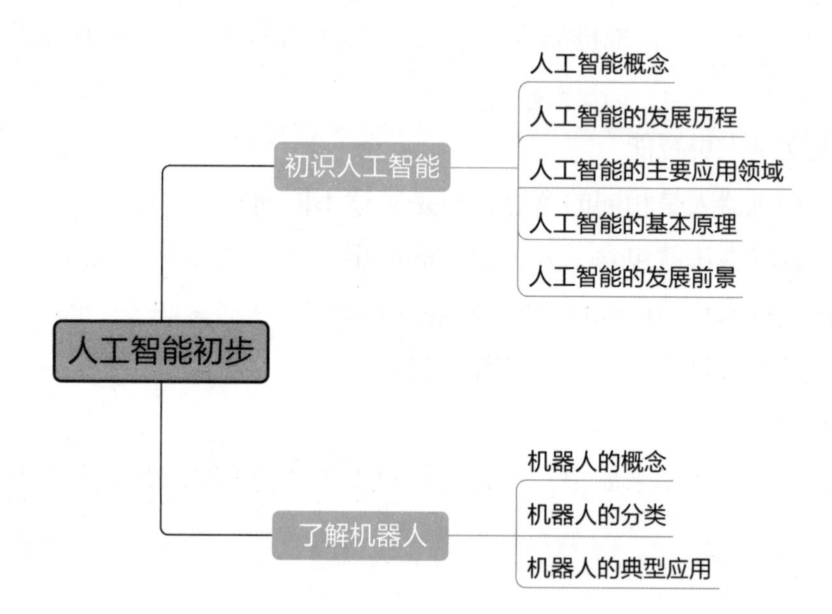

专题练习

一、单选题

1. 警察通过智能监控系统追捕犯罪嫌疑人主要体现了人工智能中（　　）的技术应用。

A. 计算机视觉　　B. 语音识别　　C. 自然语言处理　　D. 其他

2. 人工智能研究方向主要体现在计算机视觉、语音识别和（　　）几个方面。

A. 数据存储　　B. 程序代码编写　　C. 自然语言处理　　D. 算法设计

3. 下列选项中，不属于人工智能应用的是（　　）。

A. 智能医疗　　B. 自动驾驶技术　　C. 服务机器人　　D. 数控编程

4. 下列不属于工业机器人应用的是（　　）。

A. 语音输入　　B. 搬运　　C. 码垛　　D. 焊接

5. 下列不属于服务机器人的是（　　）。

A. 智能音箱　　B. 扫地机器人　　C. 看护机器人　　D. 装配机器人

二、判断题

1. 人工智能就是人类智能。（　　）

2. 人工智能和机器人是相同的意思，只是表述不同而已。（　　）

3. 手机的语音输入法就包含了人工智能的应用。（　　）

4. 计算机视觉技术目前已经可以对视频进行分析。（　　）

5. 一个机器必须要具有人形才能被称为机器人。（　　）

三、实践操作题

请根据人工智能进行未来展望，撰写一篇对人工智能未来发展进行畅想的文章。